助 人 者
SOCIAL
社工心理
教育
醫護
宗教

創 造 者
ARTISTIC

影 響 者
ENTERPRISING
企管領導
行銷企劃
法律
政治

組 織 者
CONVENTIONAL
財務金融
特助秘書
會計
行政

ARTISTIC
創造者

創造者充滿創意與想像力，總是有很多新穎的想法。喜歡設計、戲劇、文學、舞蹈、音樂等活動。具有強大的直覺與靈感，對美的追求更勝於科學。在生涯選擇上，喜歡待在充滿變化與挑戰的環境，讓自己的獨特性能充分發揮。

【優勢】
運用想像力與創造力產生靈感；做事創新、彈性而靈活；善於設計與創造，具有文藝天賦

【典型對應職業】
藝術、設計等領域

SOCIAL
助人者

助人者個性友善且極具包容力，喜歡和人互動與幫助他人。關懷社會、生態或周遭的人群，經常教導、協助、照顧別人、解決他人的困難。懂得傾聽和溝通，擅長解決人際衝突。在生涯選擇上，適合與人互動、協助他人和教導培訓等工作。

【優勢】
協調人際活動；發現與解決他人問題；優秀的人際與情緒管理能力

【典型對應職業】
教育、社工心理、醫護或宗教等領域

CONVENTIONAL
組織者

組織者喜歡有系統、組織和效率的SOP工作方式，無法接受混亂、沒有秩序的環境，在乎事情的精確細節並一絲不苟。在生涯選擇上，偏好規則清楚且明確的環境，善於透過行政處理讓事情順利運轉。

【優勢】
善於數字運算；資訊處理、組織、規劃與統整；文書、行政方面具備精確的處理技巧

【典型對應職業】
財務金融、特助秘書、會計、行政等領域

ENTERPRISING
影響者

影響者自信果敢且充滿精力，勇於競爭與冒險，喜歡商業活動與決策。擅長運用自己的資源和能力影響或說服別人，讓別人贊同自己提出的想法或執行方式。適合當企業家，鼓舞他人合作並發起計劃。在生涯選擇上，會追求聲望地位較高的工作。

【優勢】
能找出商業或獲利機會；適合管理與監督工作；具有銷售與說服技巧的潛力

【典型對應職業】
企管領導、行銷企劃、法律政治等領域

實踐者
REALISTIC
機械電子
農林漁牧
建築工藝
運動

思考者
INVESTIGATIVE
統計分析
人文科學
理工研究
生醫研發

使用方法：

1. 將卡牌沿著裁切線撕下。
2. 翻過來牌卡看性格描述，把六大類型分成三個等級：相似自己、一半一半、不像自己。

S	助人者	
A	創造者	
I	思考者	
R	實踐者	
E	影響者	
C	組織者	

3. 分好了嗎？請翻下頁下方看倆倆組合的建議職業類型。

INVESTIGATIVE
思考者

思考者好奇心強，喜歡分析、思考與解決複雜問題。擅長觀察、構想、追尋真理並提出各種假設，常接觸人文科學或科技領域的資訊。在資料分析與理論建構方面，是不可多得的人才。在生涯選擇上，喜歡需要思考與研究的專業工作。

【優勢】
理解、解決科學或數學問題；研究分析與解釋資料、構想與理論；抽象思考

【典型對應職業】
理工生醫或人文科學領域

REALISTIC
實踐者

實踐者注重實際行動，常獨自完成任務，喜歡機械或可操作的工具。喜歡戶外活動、肢體運動和各種冒險探索。面對問題時，比起討論或空想，更喜歡直接嘗試。在生涯選擇上，喜歡能產生具體作品或成果的工作。

【優勢】
機械與設備操作，對工具運用、設備操作、廚藝手工與飼育動物有天賦

【典型對應職業】
機械電子、農林漁牧、運動或建築工藝領域

倆倆組合的職業走向

SA　教師、輔導、諮商、社工
SI　人類學、社會學、心理學、醫療、教育
SE　和人互動、業務、人資
SC　助理、人資、公務人員、秘書、後勤支援
IR　學術研究、硬體工程師
IA　創新思維、設計
IC　數據分析、軟體工程師
EC　商管工作：行銷、業務、管理等
EI　產業分析、策略研究
EA　大眾傳播、媒體主播
ER　生產管理、開發類型業務
AE　各類設計師
AR　藝術創作者
AC　網站企劃、室內設計、雜誌編輯等
CR　規劃執行
SR　運動教練、服務業

主人

職游創辦人
職涯規劃師
陳韋丞 / 著

Master　　Thinking

思維

當你選擇踏上旅程，道路會自己顯現

文 / **何則文**（作家、職涯實驗室創辦人、臺灣青年職涯創新協會秘書長）

「人生到底為了什麼呢？」這個問題我們這一生一定面臨過，很多人在幼時有個夢想，對於人生有很多嚮往，然而，隨著進入升學體系，我們慢慢開始忘記自己想要什麼。開始服從於師長跟社會期待，在東亞文化下，孩子們大多屈服於現實，透過讀書努力爭取那個更好的人生門票。

這也是為什麼我會創辦職涯實驗室的原因，過去擔任過許多媒體的專欄作家，人資背景的我常常分享有關職涯規劃的看法，也因為這樣收到許多青年的來信。許多年輕人，他們或許有很好的學經歷背景，也在不錯的公司工作，領著優渥的薪水，卻仍然感到迷茫。

為什麼會這樣呢？因為我們常常都是選擇順服，乃至於從眾。想要改變人生，活出真正的自由，這本《主人思維》會是你很好的解答。韋丞在書中毫不保留、不藏私的分享自己的心路歷程，曾經他也迷茫過，不知道自己為什麼要努力，僅僅憑著不想造成他人麻煩的責任感活著。

但他想更了解自己，他想真正知道自己是怎樣的人，所以走上了心理系的道路。有趣的是，他卻沒有成為臨床諮商心理師過，

反而走進業界，最後成為創業者，開始建構出台灣的職涯諮詢師生態圈。憑藉著他的心理背景，跟在人力銀行、人資系統商的專業經驗，韋丞用自己的故事，證明了「當你選擇踏上旅程，道路會自己顯現」這件事情。

跟韋丞認識的這些日子，我感受到的是一個充滿熱誠，願意為他人奉獻的溫暖的人。他所創辦的職游，不僅成功的以實戰派的教學，培育出許多新世代的職涯諮詢師，更建構出了一個完整的職涯諮詢生態，協助許多助人者建構自己的個人品牌攻略跟商業模式。而這些方法跟故事，都在這本《主人思維》完整的分享出來。無論你現在在哪裡，或者想去何方，這本書都讓你有機會更加掌握自己的人生，創造屬於自己價值。

在這樣變動的時代中，我們要有的不只是過去那種想要進入「好公司」，就能有好生活的想法。更多的是要經營自己，不要把期待放在他人身上，建構屬於自己的個人品牌，規劃自己的道路。韋丞兼具心理學背景跟業界工作多年經歷，這樣理論跟實務的經驗可以說是華人世界中十分難得的瑰寶。

你或許也感到迷茫，也可能是因為你有許多選項，也可能你感到困頓，但你現在手中握有的，是這些迷茫的指引，透過這個職涯指南地圖，你將找到屬於你熱情、天賦、價值觀三大區塊交疊的最佳選擇。現在，打開這本《主人思維》，成為人生的主人翁吧！

每一個職涯階段都是
下一個更理想職涯的準備

文／林上能（諮商心理師、美國生涯發展學會認證生涯發展教練（CDI）諮詢師（CDA））

　　韋丞的職涯諮詢有別於強調策略與規劃的諮詢模式，充分融合了後現代生涯建構的概念，以及心理學、工商組織的相關知識，協助在職涯中載浮載沉的求詢者「打好地基」，建立合理的目標，練習覺察我們對自己的批判，理解職涯本來就是個反覆修正的過程，允許自己失敗與多元發展的可能性。小小的改變累積信心，重新解讀那些我們在職場中的不滿、怨言、失落、不符期望所反映的內在需要，學習自己定義我們自己在職場的價值與貢獻，我們的未來會是由自己來做決定與安排的。

　　然而，要能自己定義職場中的價值與貢獻，其實反映的是我們想要成為的人與想過的人生，這確實需要有所犧牲與努力的。

　　韋丞從 EPSD 階段論讓我們為職涯有所依循地開始準備與規劃，本著對內在三角與外在三角的充分了解和評估，讓每一個職涯階段都成為下一個更理想職涯位置的準備，「沒有白走的路」與「選擇面對職涯轉換的姿態」，就是我們最好的定心丸，重新掌握我自己的人生。

在數不清的諮詢經驗中，韋丞也在書中不藏私地談到了職涯思辨的關鍵問題、常見盲點，讓正走在職涯選擇、轉換與規劃中的讀者，能夠再次隨著簡明的文字與例子，重新檢核我們的信念、動機與計畫。求職選擇與面試心法大公開，更是職涯諮詢師多年功力與無數來談者的智慧結晶，值得在不同職涯發展階段的人反覆玩味與省思。

　　從事理財教學的我，篤信「沒有對的生涯規劃，就沒有對的理財規劃」。許多人往往是因為職涯發展不順利，於是想透過投資早一點脫離職場，但這並沒有解決問題，只是在逃避和賭博，賭自己能快速致富、早日退休，但退休一樣迷惘，不知人生意義何在。韋丞老師的《主人思維》能提供很棒的職涯發展建議，當你遇到職涯困境的時候，拿起來翻一翻，提醒自己才是人生的主人，應該要主動經營而非接受安排，進而建立自信、破除迷惘。

李柏鋒（臺灣 ETF 投資學院創辦人）

　　時間在走，計畫要有。在人生旅途，遇見選專業、立職業、找工作與展職涯等抉擇議題。最關鍵來自個人需求的覺察，但有抉擇需求，卻不知如何規劃。韋丞的《主人思維》這本書，透過個人生命經驗的實踐與反思，提煉出主體性的概念與實作建議，成為關心自己與他人職涯議題的我們，相伴前行的好書。

林俊宏（國立臺灣師範大學教育心理與輔導學系兼任助理教授）

　　如果人生 80 年，扣除前 20 年學生、後 20 年退休，至少有近一半的時間是工作，如果你無法在職涯發展中找到成就感與快樂，那麼人生將是多麼的苦悶，而這本《主人思維》將幫助你勇敢為自己職涯做主，給你職涯發展策略，讓你選擇想走的路。

鄭俊德（閱讀人社群主編）

很多人應該是聽過這句話:「你想要做一個痛苦的蘇格拉底,還是做一個快樂的豬?」這句話是在罵人嗎?我覺得不是,這句話其實是一個蠻有洞見的人生常態。但是時至今日,在職涯協助越來越普及的狀況下~試圖探索人生,也不一定是痛苦的,放飛自我,也不一定就是快樂的。

關鍵是什麼?關鍵是你有沒有尋求到一個好的第三方協助者。人都是有盲點的,尤其對自己的職涯的摸索,那更是常常如入五丈煙霧之中,除了短短的眼前,什麼都看不清。

當我們看不清前方的時候,這個時候就需要「探照燈」,而韋丞老師的這本新書,可能就有機會成為你探索人生職涯明亮的探照光束。

主動/主力/主軸/主人,是我個人對這本新書的整體簡要歸納。想要為自己而活,而非為別人而生存,這是一個必經的人生探索過程,探索很難,但這本書可以成為很好的一個扶持。

盧世安(人資小週末社群創辦人、為你職引計畫召集人)

花若盛開、**蝴蝶**自來、人若精采、天自安排。在人生職涯探索中，當下的決定應該都不知道是對是錯，唯有聽聽自己的聲音、勇敢的跨出去，才能看得到自己的未來，才會有「不會後悔」的人生。我常常自問：七十歲的時候，哪一些事情會讓你後悔？答案是：不去做才會後悔，做了失敗也不會後悔，畢竟是嘗試過了，不會後悔。

這本書越早看越好，越年輕看越好，越早實踐更好。時間就像是一股洪流，不斷讓我們推向生命的另外一端，用 EPSD 四大職涯發展階段回頭看看自己的過往，也讓自己後半輩子可以過得更精采、更灑脫、更能發揮自己的價值。用內在、外在及生命三角形評估職涯，猶如企業內部優勢及外部環境一般的體檢，是一個很好的靈魂拷問之手法，可當成您決定志業的分析工具之一。作自己人生的主人，我衷心推薦這本書。

簡博浩（簡博學苑創辦人）

我為什麼要這麼努力？

迷惘了十年，找到內在驅動力之前，是靠責任感生活

「我為什麼要那麼努力的做眼前這些事情？」

印象中開始有這樣的疑惑，是高三升大學拚命念書的時期，也是人生中遇到的第一個迷惘關卡。這段時期對大家應該不陌生吧！人生幾乎只剩下念書的階段。

當時的我，每天早起上課，上完一整天的課程之後就去補習，沒有補習的日子，則是在學校自修、念書到八九點再回家。看了好幾遍的內容反覆再看，幾乎要把每個字都摳出來的程度，生怕錯過什麼小細節，導致在大考的時候痛失分數。

明明是沒有興趣也念不來的物理科目，還是要勉為其難地浪擲大把時間學習。

之所以說是浪擲，實在是因為：這個科目絕對不會背叛我——物理不會就是不會。花了很多時間、也去補習，還是比不上班上天才同學只做課本習題就可以拿滿分。

「念那麼多數學和物理，應該可以讓自己變聰明吧？」

那段時間我不斷自問自答，試圖找到學習的意義。

「我為什麼要花那麼多時間念書啊？是不是因為我真的很喜

歡讀書？」也有這種腦子快要壞掉的自我說服，聽過認知失調的朋友們應該會感到十分熟悉。

　　但最離譜的事情是：我根本不曉得未來要做什麼，就要我選擇未來想要考上的志願。雖然心中感到這樣的制度非常荒謬，但也無法反抗。

　　我過去的人生只有念書，教育體制告訴我們只要好好用功讀書就有好未來。光是為了追求每次小考 90 分和 95 分的微小差距就已經耗盡所有心力，哪裡還有時間探索自己想要做的事情？於是我為了了解自己，一字排開都是選擇心理系相關的目標。

　　「念了心理學，可以更加了解我自己吧？」

　　我一邊填寫志願，一邊懷抱這樣的願望，沒想到進了心理系，卻是第二個迷惘的開始。

　　「韋丞你的個性那麼暖，很適合當心理師耶！」

　　大學階段有很多同學這樣跟我說。

　　但即使我喜歡心理學、也覺得性格適合助人工作，還是有個非常擔心的部分：

　　我的高敏感特質那麼強烈、容易和他人的情緒共鳴，看到感人落淚的劇情或畫面都可能想迴避的人，如果當心理師，最終會不會讓我難以脫離那些悲傷的故事和情緒呢？

　　「一個念心理系的人卻沒有想成為心理師。」

這種非主流的想法，頓時讓我覺得跟系上一半以上的同學格格不入，很多同學都在討論未來要走臨床心理還是學術研究，充滿希望且熱烈的討論和準備，在這樣的氛圍下，我也沒有表達自己的真實想法，而是自己不斷嘗試探索。

當時我輔修經濟系、結合自己對企業管理的興趣考取研究所的工商心理組，拚命念書拿書卷、也大量參加系上的系學會活動，主持表演樣樣來，試圖幫自己找到一條出路。結果研究所時期，遭遇第三個迷惘瓶頸，也是我人生中最迷惘的階段。

「領導學的知識很有趣也很有意義，但我真的沒有辦法想像自己能研究這個領域一輩子。」

簡單來說，我對於研究所接觸到的東西沒有熱情。

當時我每天不斷懷疑自己、懷疑人生，每一堂課都很想要逃離、不想上課所以經常遲到，甚至到了教授很受不了、叫我不要繼續念書的程度。但我沒有中斷課業的勇氣，也不曉得還能夠去哪裡。

「中途放棄會不會很不負責任呢？」

好不容易考取了研究所也不敢放棄。即使最後還是熬過去了，順利拿到畢業證書，但過程真的十分煎熬。

「想找到一個適合自己的職業怎麼會那麼難？該怎麼找到自己的方向？」

帶著這樣的疑問，在學長介紹下進入人力銀行從事研發工作。沒想到竟然遇見了相信自己可以耕耘一輩子的領域：職涯諮詢。

　　我的第一份工作其實很多元又複雜，剛開始只是做心理測評研發，後來又延伸作網站企劃、產品 PM，再接著幫忙行銷寫文案、開發職涯牌卡、到大專院校教育訓練，以及，開始運用人力銀行的工具和產品幫忙做職涯諮詢輔導。

　　接觸職涯諮詢的時候，發現自己不論是熱情、天賦和價值觀，都和這個角色非常契合，一邊實踐的過程中一邊感到驚喜，終於結束了十年的迷惘。

　　在這十年當中，我做了非常多嘗試和努力，非常認真地把我知道可以做的探索都做了，但還是不曉得問題出在哪裡，只是靠著一種責任感生活，日子每天都過得像雞肋一樣，食之無味、棄之可惜。

　　我是非常需要目標感的人，卻找不到自己發自內心認同的方向。所以現在身為職涯諮詢師，只要能夠幫助大家多節省一些時間、減少一些精神上的痛苦，我都覺得非常有意義。

　　其實，有很多人跟我們一樣，也都感到迷惘：

　　並沒有那麼喜歡自己現在的工作、但可能也沒有到太過討厭，不過假使認真要討論離開、追求想要的目標，也不曉得還可

　　　　　　　　　　　　　　　　　　　| 主人思維 |

以去哪裡。

　　工作只是一份工作、沒有熱情也沒有靈魂，星期一就在等星期五下班、星期天晚上想到明天又要上班就想請假。覺得自己像是行屍走肉的社畜，只是出來混口飯吃、工作不需要講究快樂。

　　真心希望大家能夠在每天八小時的工作時光當中，多一點希望、多一點熱情、多一點動力，取得個人特質和這個世界的平衡，這就是我寫這本書最大的期待。

　　書中的內容，包含心理學基礎的知識理論、我個人的實踐經驗、以及一些來訪者的生命故事。提出的策略和方法，幾乎都有親自實踐過、覺得有效才分享給大家。

　　希望這本書，可以成為你職涯改變的禮物和契機。

目錄
CONTENTS

寫在前面
找到真正內在聲音的第一步

PART **3**
關於人們追求的「外在三角形」：
職位、公司、產業，三個尖端該如何選？

找到眞正內在聲音的第一步

01

你要先開始，才會看見路

即使無法一步到位，
也不要放棄持續接近吸引你的事物

「我不曉得自己最想要的那個目標是什麼，只知道現在做的事情，都不是我最喜歡的。」

在演講和諮詢的過程中，經常聽到有人跟我提到這件事。

確實，世界那麼大、未知的自己還有那麼多，想要趕快找到最適合自己的方向、甜蜜點，真的很不容易，也因此特別容易焦慮、耐不住：

「我還要花多少時間、多少探索和嘗試，才能遇見理想的生活？」

跟你分享我身為一個過來人的故事。

我總是跟大家說，為了尋找適合自己的方向，前前後後花了十年的時間。從高中升大學選填志願的迷茫開始、到第一份工作中遇見職涯諮詢，差不多十年。

這十年即使有做各種嘗試和努力，但心中仍然很清楚地知道：現在這些都不是我真正想要長久做的事情。

在這些事情中並沒有靈魂和熱情，只是靠一種責任感度過每天的生活。幸好，當我回顧過去追尋天命的這段旅程，發現有一件事情是自己有做對的：**不要放棄持續接近吸引你的事物。**

當我確定了職涯諮詢的方向後，回顧自己過去的嘗試，發現原來自己過去的策略沒錯：**即使還不曉得最後在終點等待自己的是什麼，還是朝著吸引我的方向不斷靠近。**

從漫無目標到心理學、從心理學到工商組織心理學，再到人力資源與企管顧問領域。無論走人力資源或是企管顧問，最後都會接觸到職涯諮詢——我最想做的事情。

我常跟大家分享：

職涯探索就像是在霧中開車，大霧茫茫、我們真的看不清楚遠方，只能看見腳前五公尺的路途，唯一的好消息是：只要我們往前，就能看見下一個五公尺。

在我們找到適合自己的甜蜜點之前，會經歷非常多測試和修正的過程，很難事先料到終點會是什麼，但我們越是前進，就越能把前方模糊不清的輪廓看得更加明晰。

曾有人說，只要不斷刪去討厭的選項，就會離自己想要的未來更靠近。

但我想說：不會，不會就是不會。不會因為刪除討厭的選

項，就能找到喜歡的選項。難道刪除了一百個不想在一起的對象之後，真愛就會喜從天降嗎？刪去法不會讓你遇見想要的人生。

但現在很多人都是這樣、彷彿過河過到一半：知道自己討厭什麼，但不曉得自己想要什麼。討厭和喜歡，是兩個不完全相同的方向。

那麼在持續前進的過程中，我們需要注意什麼呢？

「不是先看到路才開始，你要先開始才會看見路。」這是非常重要且關鍵的第一步。

諮詢過那麼多人之後，我發現在所有陌生轉變的過程中，大家真的有很多心魔：

「我該怎麼前進？下一步要做什麼？」

「我真的可以嗎？但我沒有相關人脈。」

前方一片模糊、沒有明確步驟、沒有夥伴一起、改變習慣好難。

好多人無法堅持繼續行動下去，改變也就爛在心裡、無疾而終了。然後持續待在一個不喜歡的地方，忍受不喜歡的人事物，沒有足夠的勇氣和毅力離開現況。

你要先開始，才會看見路。

從想要開始的那時刻起，你會努力搜尋相關的資料，努力了解並認識相關前輩，並且在生活中看見更多線索和管道。

心中畏懼，看到的都是阻礙；

心中期待，看到的都是機會。

曾經有一個來訪者，在穩定高薪的金融產業工作，但過於安定的環境，讓他一段時間就想要離開職位，這樣反覆糾結了許多時間、還是無法下定決心。諮詢當下我鼓勵他尋找同領域的其他角色，並且把想要轉換的想法告訴朋友們、針對想要了解的職位進行訪談，結果就在他訪談的過程中，對方非常欣賞他、極力延攬他進公司，他就成功透過內推和面試，進入了外商產業。

由於是顧問性質的工作，除了可以發揮過去累積的經驗，每次客戶的工作內容也有些許不同，這樣的變化讓他的工作重新煥發很多活力！

徹底下定決心之後的第二步：「先打造一個 60 分的原型，投入真實世界一邊測試一邊修正。」

擁抱失敗、打造原型（原型意指最小可行性產品），是我從《做自己的生命設計師》（Designing Your Life）一書中獲得的啟發。

很多人淪於空想而遲遲不去行動，希望能構想得非常完整仔細、一定不會失敗的程度。但對於一個你非常陌生的領域，怎麼可能預想得非常完美呢？

任何嘗試怎麼可能沒有成本？準備到 60 分就開始做吧！

在真實世界的實踐，才能進一步修正你原先的假設，並且讓

你擁有解決問題的能力。只要把過程中的失敗，當作未來成功所必須的學費和投資就可以了。

幾年前我確定要發展職涯諮詢師的工作時，也經歷過很多評估和考量。當時我查詢了國內外相關的資料：哪些人在做這件事情？哪些組織在做這樣的事？有哪些培訓課程？有沒有相關社群？

雖然在台灣的資料很少，但是在美國 O-net 系統[1] 有把職涯諮詢師的工作列入職業百科，對岸和美國也有很多人從事這方面的職業。

這些帶給我莫大的信心：雖然從業人數不多，但至少還算是有被驗證的市場需求，我自己平常觀察也認為很多人都有遇到類似問題，從另一個方面來看，新人入行只要做得好，就容易產生競爭優勢。

這些事前調查讓我吃了定心丸，決定要開始發展。

工作第二年參與國際生涯發展諮詢師的認證培訓課程，自費參加很多講師課程，了解目前這個領域的狀況。工作第三年爭取內調，想要把時間都花在職涯諮詢相關事情上。

第一次提出內調沒有成功，當時主管有別的考量，但沒有因

---

1. 職業資訊網站 (Occupational Information Network 即 O-net)，隸屬勞工部就業培訓局 (Employment and Training Administration 簡稱 ETA)，每年約會更新 100 個職業左右。

此氣餒，趁著某個契機再一次提出內調成功，順利讓我最後在公司的半年時間，能夠充分沉浸在相關工作裡。

此外，因為這個領域個人工作者比較多，很多是兼職而非全職，為了經營好這個身分，準備了自己的線上履歷，把諮詢心得寫成文章、投稿到知名媒體，然後在網路上主動連絡職涯領域的團隊，後來確定了四個團隊合作，再加上我自己的經營，自由工作第一年，就能夠以全職的身分投入，並且幫自己加薪 40%。

剛出道的時候，即使還不是資深老練的諮詢師，但至少準備了 60 分後我就開始做了。在一邊授課和諮詢的過程中，也不斷在實務工作中發掘需要強化的專業和技能，找到符合需求的進修課程和書籍。

在真實世界中測試和修正，讓我的專業可以更針對大家會遇到的職涯問題累積，逐漸具備解決來訪者問題的實力。

在諮詢的經驗中，很多人想要轉換跑道從事行銷企劃、專案管理、軟體工程師或 UIUX 設計師。

經常是一直很想進入但又擔憂很多的狀況，在來談之前通常都還沒付諸行動。

藉由深度諮詢消除很多心理障礙、並且搭配具體的行動計劃一步步制定目標之後，我發現許多人還是可以成功轉職的。

只要有一些小小的前進、累積成功經驗，就能帶來莫大的信心。

有些人想：如果開始之後發現原來不適合怎麼辦？發現這個路線沒有收入怎麼辦？發現自己技不如人沒競爭力怎麼辦？

也許你會稍微轉個彎，但也因此不會遺憾。也許最後選擇放棄，你也能更專注地經營擅長的事情。

無論如何都有收穫，無論如何都不會虧。

不要等到準備得非常完美才要開始。

「你先開始，就會看到路。」

02

規劃你的收入組合

把職涯活成一種組合，
不要把所有的期待都放在同一個工作裡

我遇過很多職涯迷惘、困惑的人，以及很難找到適合自己工作的人，發現這樣的人經常有個共通現象——對於理想工作設定了很多期待和條件：

「不能比現在薪水低，而且公司要比現在大。」

「然後主管要會帶人，有實力願意教我東西。」

「公司要有制度不能太亂，最好離家近一點。」

「絕對不能加班，可以遠端不用每天進公司。」

每一項都是很棒的期待，但條件越多，你的期待就越難達成。太過困難的願望，即使集滿七顆龍珠，神龍也可能沒辦法讓你滿意。

大家有遇過對於理想伴侶的條件開很多的人嗎？

1. 要帥／美
2. 要多金
3. 要有學歷
4. 工作要好
5. 要很懂我
6. 爸媽很好相處
7. 要有共同興趣
8. 要比我高／矮
9. 要專一
10. 要愛小孩
11. 要愛寵物
12. 個性要好
13. 要很愛我

……族繁不及備載。

並不是說有夢想不好，這些都是很好的期待，只不過，條件越多越難找到。具備一百種條件的夢幻對象，說不定在地球上查無此人，或即使存在，恕我冒昧──對方也不一定會喜歡你。

工作也是如此。

沒有任何一個人是為了滿足你的所有願望而存在的，同樣地，沒有任何一份工作是為了你的需求量身打造的。

工作是來自公司的業務發展需求、工作上會遇到的主管和同事，端看公司現有的組成。比起渺茫地希望在同一個工作中滿足

所有願望，我更鼓勵大家把職涯活成一種組合：

你喜歡做的事情、你的主要收入、你的平常工作，可以是三個不同的路徑，不一定要是主要職業，甚至也不一定要是同一件事情。

把自己當成一間公司，經營不同項目的商業模式

我自己擁有四大路線的收入組合，根據喜好程度、需求數量、個人發展階段和專業累積，在這幾個項目當中持續耕耘，按照不同項目的特色、制定不同的戰略與目標，不同時段的重心也有所不同，先讓大家看一下這四大路線：

工作業務	一對一個別職涯諮詢	學校和公家機關演講工作坊	企業培訓和顧問	個人公開班與諮詢師培訓
喜歡程度	★★★ 超喜歡	★★ 很喜歡	★ 喜歡	★★ 很喜歡
收益價值預期	★★	★★	★★★	★★★
項目特色評估	隨經驗、年資和時間上升。 喜歡，值得長期投資。	報酬非常固定。 考量時間交通成本不適合主力，線上加分。	隨經驗、年資和時間上升。 收入可期，值得長期投資。	隨經驗、年資和時間上升。 喜歡分享專業，值得長期投資。
目標與戰略制定	初期難經營，不需要刻意投入，自然增長被動接案。	長期重心轉移，特別狀況才接案。	長期經營。 需主動開發。	長期經營。 逐漸以價制量。

一對一個別職涯諮詢：

在所有工作項目當中，我最喜歡的是個別諮詢。

我的原始個性是高敏感內向者，比較低調不喜歡曝光，非常享受和少數人的深度交流，也相信只有這種專注細膩的互動，才能深刻地協助一個人產生變化。但是，考量到台灣的付費諮詢還沒有那麼成熟興盛，以及在執業初期知名度還不高，如果只靠個別諮詢賺取收入非常受限，自己必須發展多元收入組合，能滿足自己對薪資的期待。

大專院校和公家機關的演講與工作坊：

我從第一份工作開始就有不少演講經驗，後來也與管理顧問公司合作接案，有研發職涯牌卡工具（職游旅人牌卡），以及自己在網路社群上面的專欄文章經營，這個方面的需求邀約一直都還不少、十分感謝，也是職涯初期收入的主要來源。

我很喜歡這個場景的教學，但大量接觸會有點疲乏，交通和時間成本也要考量，加上近年開始培訓夥伴，逐漸把重心轉換到其他項目，預算比較多的邀約、或是師資培訓（對象是針對輔導人員），才會持續提供課程。

企業培訓和顧問：

企業需求是長期經營必要發展的路線，所以即使初期經營放在 C 端一般消費者市場，還是持續和企業合作，並且拓展相關經驗。

一般培訓有非常多人在做、競爭激烈，新出道的講師很難在老資歷的前輩當中取得一席之地，經歷市場測試之後，把自己的標籤定位在心理測評相關的服務和課程，包含招募看人、領導用

人、激勵帶人等面向，雖然定位特殊需求較少、但也因為相對有競爭優勢，反而藉此帶來很多合作和曝光。

新進職場的夥伴們如果想要快速切入、取得聲量，可以找找看適合自己發揮的細分市場在哪裡。

個人公開班與職涯諮詢師培訓：

提供獨特價值的講師自有課程，可以帶來非常高的報酬，但是非常需要講師的獨特性和本身在 C 端的市場聲量，作品的信任資產沒有累積、行銷曝光不夠，都會導致開課失敗。

我的性格也比較懶得處理報名流程、場地安排等行政手續，所以沒有主力經營，後來則是跟「職場才女」社群聯合舉辦，請她們協助行銷和行政相關部分，把不擅長的事情交給值得信賴的夥伴，我就可以專注準備自己的課程設計。

其實會想創辦公司開職涯諮詢師培訓課程，主要原因並非高價值，而是使命感和興趣。講課一段時間之後，就有進行師資培訓，不過大部分的學員也不會走這個專業，所以分享的時候也只能稍微點到、講得不深。

但我很希望能夠分享更加深入的內容，加上看到市面上沒有足夠實戰力的課程，這樣的服務品質對來訪者來說也無法解決問題，才會想要以此做為經營主軸。

把你的職涯活成一種組合，不要被特定工作頭銜綁架，

活出你的特質、並同時思考在市場上的戰略價值，

不是盲目追逐斜槓，是把你喜歡的事情經營成事業。

03

如果你不知道要去哪裡，
那每一條路都可以

以終為始，
用 Role Model 拼湊你的未來藍圖

《愛麗絲夢遊仙境》當中有一段愛麗絲和貓的經典對話：

愛麗絲對於前方感到迷惘、不曉得該選擇哪一條路，於是對眼前的貓提問：「請告訴我，我該走哪一條路？」

貓：「這得看妳想去哪裡。」

愛麗絲：「可是我也不曉得⋯⋯」

貓說：「那就無所謂了。如果妳不知道要去哪裡，每一條路都可以。」

這個場景是不是似曾相識？

很像你身旁的朋友、或者完全就是你自己呢？

這個情境實在太過經典，和前來找我的大多數來訪者根本一樣，後來我就經常在演講中提到這個故事。

如果你不知道要去哪裡，那每一條路都可以

每次演講或諮詢的時候，就會很多人問：

「老師，我要選大公司還是小公司？」

「老師，AB 這兩種職業路線我該選哪一個？」

「老師，我選這個工作是對還是錯？」

我總是回答：「這個問題我無法立刻回答你，我需要知道你未來想去哪裡，才知道哪一條路對你來說會有意義。」

以終為始，就是用最後的終點目標倒推回來過程，一步一步規劃和落地，藉由終點讓過程更加清晰。

那麼，該怎麼以終為始、找到自己想要的未來藍圖呢？

我曾經參加過一些生涯探索活動，有個常見活動是想像五年之後的自己。但我偏偏是一個對未來保持彈性、不想框住自己，也很難想到那麼久遠以後事情的人，「我就想不到五年之後的自己才來參加活動的啊……」心中就會這樣默默吐槽。

幸好，後來學習到生涯諮商領域的時候，發現有個非常棒的活動，很適用於幫助大家拼湊自己想要的未來，這也是我一定會帶入諮詢的回家作業。

人生或工作的目標是抽象的目標，抽象的概念很難具體化，但如果我們的目標無法具體化，就會很難實現。

Role Model 的原理是找到你喜歡的參照物，藉此延伸出更多具體討論。我會一邊說明進行方式，讓大家可以根據文章，拼湊自己的未來藍圖。有比較原始的應用版本[2]，我會分享自己在實務上比較偏好的方式。

首先，請你找出整個人生領域的三個 Role Model，只要你覺得這些角色的人生很不錯、他們身上有些特質很棒、在做的事情或職業讓你欣賞，就可以入選。不用到崇拜，只要喜歡或欣賞即可，像我就是不太會崇拜誰的人。

這三個角色不一定要是人類，可以是人、或不是人。人的話可以是政治人物、演藝明星、商業菁英，比如說歐巴馬夫人、BTS、德雷莎修女、貝佐斯、伊隆馬斯克，或是更加平易近人的你的親朋好友。不是人的話，比如海綿寶寶啦，也是很可以的角色。

挑選前三名，然後記錄你喜歡他們的部分。

第二步，從你喜歡他們的部分當中，萃取出幾個關鍵字，尤其是那些如果你也擁有的話會覺得很棒的部分。然後回憶你過去的生命中有沒有比較相關的經驗。

這個步驟，是讓你想起當你具體在做哪些事情時，會有美好的感受，並且做進一步的驗證。

註 2：Savickas 的生涯建構訪談 http://ericdata.com/tw/detail.aspx?no=325682

｜主人思維｜

舉例來說，我很喜歡金庸小說《神鵰俠侶》裡面的楊過、以及三國演義的諸葛亮。

楊過是個武功蓋世的大帥哥，雖然很令人羨慕、但這不是我喜歡他的主要原因。他的兩個部分讓我印象深刻：聰明和專情。他是一個很聰明的人，不會迂腐沉悶，總是有很多奇思妙想、不落俗套，但在大是大非上面（比如家仇國恨），又非常正派、堅持原則。和我期待的自己、以及喜歡的朋友類型很像。

此外，在他的一生當中，金庸幫他安排了非常多桃花，書中出現過的女角色起碼有一半以上都傾心於他，但他的感情觀從小到大都非常專一：全世界只有小龍女才是重要的，其他女性都只是背景板。

我也是對感情和朋友非常專一的人，非常符合我的人際觀。

至於我喜歡三國演義的諸葛亮，則是因為從小浸淫在《光榮三國志》系列的遊戲當中，嚴格來說我不是喜歡諸葛亮這個人，而是喜歡這個角色代表的智慧形像。

小時候我就經常想要成為像軍師一樣出謀劃策的角色，在幕後運籌帷幄、獻策建言。對我來說，智慧就是能夠解決問題。

回想我作為諮詢師的工作經驗，需要不斷進修、學習知識和技術，而且在每一次職涯諮詢時，如果能夠和對方討論出適合的解決方案，真的會讓我覺得非常有成就感。

我的工作讓我實現了想要的自己，藉由 Role Model，把這兩

件事情串聯並印證了。

你喜歡的角色，不一定是出於缺乏而感到嚮往或崇拜，很有可能你們之間有所共鳴，只是你沒有意識到這些線索。

第三步，如果你要往這些關鍵字的方向前進，列出可以做的一個簡單行動。

行動太過困難、就無法完成，通常會建議先想一個最簡單的步驟，好比說：查一下某個職業的資料、找到一位職業前輩訪談，或是跟朋友宣告提供每周一小時的策略討論時間等等。

能夠讓你朝向想要的方向前進一點的行動都可以。有了參考角色讓目標具體化、搭配經驗和行動，就能一點一滴改造你的生活，邁向理想的人生。

Role Model 的活動，其實還可以延伸出非常多獨特的應用。舉例來說，可以想像一下：對於你目前的職涯關卡，你的 Role Model 可能會給你什麼建議？這種假想問題，經常能夠直指核心，因為這些角色也都反映了我們心中相信的價值。

以我為例，如果我遇到職涯難題，楊過可能會跟我說：我們要另闢蹊徑、創造獨特。

諸葛亮可能會提醒我：我們要走有勝算的路。

其他應用方式，如果大家有想到很棒的方法，歡迎跟我聯絡喔！

04

有一種迷惘叫做沒自信

對職涯迷惘的人，
約三分之一同時伴隨沒自信

有時候，我們不是不曉得自己想做什麼、也不是完全沒有方向，但是對自己沒有信心或對現實狀況無法期待，所以即使隱約有點想法，也還是認為：

「太困難了！」、「我做不到！」因而猶豫不前。

在這幾年累積的職涯諮詢經驗中發現，前來職涯諮詢的人，通常不會只有「不確定方向」的單一問題。

迷惘和卡住的感受，是最終呈現在職涯上的結果，深入談下去後，經常也會浮現其他層面的議題：

想要回應他人期待、家人或另一半不認同自己、對工作過度負責、缺乏自信、容易擔心、覺得自己沒有技能也害怕來不及培養、職場挫折經驗（遭遇霸凌、常被否定、刁難自己或講話難聽的主管或同事），工作角色不適合自己、工作能力問題、人際關係問題……等。其中，在個人諮詢經驗中，同時伴隨缺乏信心的

| 主人思維 |

比例大概三分之一。

如果你心中的風浪無法停歇，就會遲遲無法下定決心

在職涯諮詢領域中，我尤其花心思鑽研內在層面議題的討論。

心被困住的話，內心要重新解開，才能繼續往前邁進。其他人的提醒和建議，我們不是不想理會、也不是不想去做。頭腦雖然知道該做什麼，但就是做不到。就如同我的愛歌——中島美嘉的〈曾經我也想過一了百了〉裡歌詞說到：

「如果明天想要有所改變，就要先改變今天。這我知道、我都知道，但是……」（腦中自動撥放 BGM）

這時候需要的不是勉強自己前進，不是要逼自己像其他人那樣持續上進，而是需要有人陪你一起解開心中的結。

心打開了，生命力就會再次流動、行動就能展開。對自己沒信心的人通常會有怎麼樣的狀況？我稍微用文字模擬一下這樣的內心獨白：「太難了、我不行、做不到、那是因為他們都很厲害、我只是個普通人、我只是運氣好、我一定堅持不下去……」

有人認為自己有冒牌者症候群，甚至還會開始懷疑：

「我的想法說不定也是錯的、這些只是我的貪心、或許他們才是對的、這可能也不是我真正的感受……」

如果我們連自己的想法和感受都開始懷疑，根本就是否定自我的存在，那我們還有什麼可以相信的呢？

即使想要相信某個人、相信任何信仰，但內心深處還是無法完全確信，因為那是我們內心深處的破口。破口沒有縫補，有再多力量湧入也還是會傾洩殆盡。

我完全能夠想像，因為我過去也是這樣。

然而，我們真的那麼不好嗎？

還是我們只是習慣忽略別人的肯定、無法收下別人的讚美，每天反覆看著不好的表現、在意那些不滿意我們的人？

和沒自信而感到迷惘的朋友們深度對話之後，發現他們當中其實有很多優秀且敬業負責的人。

反而在職場那麼多年，看過太多糟糕透頂的人擁有迷之自信、超級自戀、強勢霸道，完全不覺得自己有問題、不會反省、自己最棒、都是別人的錯。

總是以自己為中心，不管其他人的感受和立場。自己講話難聽、脾氣很差，然後說其他人都是玻璃心。他的想法才是想法、他的時間才是時間。（是不是滿滿的既視感？）

這種人都可以那麼有自信，憑什麼我們不能有自信？

說到底，自信也是一種主觀認定的心理狀態。於是我花了很多時間，研究建立自信的方法。

首先用在自己身上有效果之後，也應用在職涯諮詢的過程中。我發現協助大家建立自信，對於消除迷惘和促發行動有很大的幫助。

方法很多，每個人適合不同方法，在這想跟大家介紹一個非常有效的經典方法：

「消除內在自我批判的聲音。」

消除內在自我批判的三個步驟：
練習覺察內在、中斷評論習慣、改寫批判內容

1. 練習覺察內在：

通常大家對於內在負面自我批判的聲音已經過於習慣而自動化，那些腦中和心中浮現的想法，會立刻原封不動地接收下來，並且無意識地跟隨這些內容不斷蔓延下去：

「我這次提案簡報的表現好糟，我果然不適合和人社交，這確實也是長期以來工作遇到的困難，我好像不太會講話也特別無趣。其他人都可以活躍氣氛滔滔不絕，明明見面沒多久就很自來熟，為什麼我的個性就那麼『閉俗』，沒有辦法像那些人一樣？是不是要像那樣的人才能在職場生存，我是不是很不適合職場工作……」

如果真的要繼續羅列，可以列個三天三夜。

有一次我請來訪者寫下十個內在批判的內在聲音，

他竟然說：「老師，我現在可以寫出 100 個句子給你，要看嗎？」

真不愧是老熟人了，感情真好！

後來我說：「不用，影響最大的十個就好……」

2. 中斷評論習慣：

有些人已經養成看到什麼都會想評價一番的習慣，有的偏向指責外界：「他今天上班的穿著也太沒品味了吧！這麼難看的配色真是傷眼。」「剛剛那個客戶講話也太沒 SENSE，八成又是熬資歷上位的廢柴。」

也有的評論偏向內在批判：「我是不是哪裡做錯了？要不然老闆怎麼會找我談話？」「同事怎麼沒有找我一起吃飯，他們是不是討厭我？」看到一個人、經歷一件事，就立刻判斷並在心中評價，這樣的習慣一但嚴重也會反噬本人——

評價上癮的人也可能會套用相同的方式評價自己的一舉一動。如果要消除內在自我批判的傷害，就要中斷這樣的習慣。

3. 改寫批判內容：

這個步驟非常有效，但據我的經驗單憑自己執行非常困難。

簡單來說就是重新拆解內在自我批判的內容，轉化成比較中性的描述。（這個方法操作起來就像是把偏頗的新聞報導改寫成

中立報導。）

　　曾經有個來訪者跟我說，他覺得自己口才不好、不善交際、沒有朋友。我進一步請他描述客觀事件，也不要加入太多形容詞和結論，他說：

　　「真的很要好的朋友只有兩個，我們幾天就見一次面，但每次聊了一個多小時之後就不曉得要聊什麼了。」

　　聽完之後，我發現他似乎對自己的人際關係有很大的誤會……，一般來說，非常要好的朋友數量通常也是 2 至 3 位左右，連續聊天一個小時以上還要有話題可以講，也不是那麼容易。以我和那麼多人互動的經驗，他的社交技能其實至少是中等程度，但他卻主觀地覺得自己很不 OK。

　　我和他一起重新改寫了自我批判的內容，還原成上述那樣比較客觀中立的事件描述，讓他原本強烈負面的自我批判，轉換成為比較不含殺傷力的內容。

　　改寫聽起來非常簡單，但通常本人比較難改寫，因為已經非常認定心中的這些批判就是事實。如果有熟練的人引導、集中談個兩三次建立思考體質和習慣，就能產生顯著的效果。

05

每天五分鐘的靈魂拷問

問問自己：
我那麼努力，到底是為了什麼？

「我那麼努力，到底是為了什麼？我的努力有讓我得到想要的東西嗎？」

我經常問自己這個問題。

我不是一個擔心失敗、逃避努力的人，但我害怕的是：付出了那麼多之後，結果卻沒有得到自己真正想要的東西。

即使過程再怎麼辛苦，只要能夠達成目標，很多東西就都可以忍耐，因為終點會有意義。

但方向錯誤、方法錯誤，或是誤以為自己想要某個目標結果不是，努力和願望之間的脫鉤，對我來說就是浪費人生。

嘗試錯誤的成本不算在內。只要大方向正確，再怎麼走都會走到想要的終點。我不害怕努力，但希望夢想可以成真。

我人中第一次懷疑自己的努力，是在大學階段。

想要交到很多好朋友，但卻不太順利。

當時經常參與系上各類活動，系學會、主持、演戲、擔任幹部，加入全校性的合唱團和系上羽毛球隊，以及朋友們的夜衝、夜唱和吃吃喝喝，甚至有時候有點勉強自己融入。

但經過一兩年之後發現，認識到的好朋友沒有想像中得多，身心俱疲、逐漸淡出系上的圈子，也重新反思自己的作法是否有問題。

第二個自我懷疑的經驗，是在某次偶然的機會下，和自己的完美主義和解。

過去我一直知道自己有完美主義，但從來沒有特別想過要怎麼改變。某次和一群心理師夥伴們填寫完美主義測驗量表，才發現原來不是大家都有完美主義。（每天浸泡在心理圈的同溫層產生的誤解……）

有的夥伴說：「事情沒做完就沒做完阿，也不會怎麼樣，之後再做就好。」這樣的發言著實讓我感到震驚。

尤其關鍵的是：我的完美主義程度在所有夥伴中分數最高，但收入不是最高的。

這個事實讓我受到很大的打擊——

「我到底都在幹嘛？我那麼認真、到底想獲得什麼？」

從那之後，我認真調整了失控的完美主義工作習慣：

每件事情只要做到自己可以接受的 60 分就好，有時間和心力，再做到 70、80 分。（不過完美主義者的 60 分，大概會是一般人的 80 分了……）

原本每次講課之前都會翻新六、七成以上的簡報，搞得簡報永遠更新不完、每次都要準備超久時間，事情做不完、追著自己跑的壓力很大、影響腸胃，後來就盡量不調整現有簡報，有餘裕再進行優化。

這樣的調整讓我輕鬆不少，空出一些休息時間。

第三個經驗，是有陣子工作到很想吐，才好好意識到自己的貪心和身體界線。

自由工作第三年的時候，同時身兼 MAYO 雲端人力資源系統公司的心理測評開發顧問，導致我的工時暴增、大約是一般人做兩份工作的程度。

白天有幾天進公司開發、其他時間和下班後塞滿諮詢，一段時間之後，只要想到工作就會有點想吐，才開始驚覺自己什麼都想要的貪心讓身體超過負荷。

非常感謝當時的主管 Jessie 發覺狀況後跟老闆 James 討論，後續做了一些工作上的調整，我也迅速安排了一些溫泉旅行，讓身心好好休息。

「生活品質還是工作優先？」

不小心踩過線之後，未來再也不會搞錯優先順序。

每次遇到來訪者有完美主義、或是對工作過度負責的時候，我也都會問對方：「如果沒有做到會怎麼樣？你那麼努力是為了什麼？你的努力有讓你得到想要的東西嗎？」說了那麼多慘痛經驗，那有沒有比較適合的解決方法呢？

「價值觀排序」[3]，是心理學家經常使用的目標設定方法。

價值觀，是我們心中在乎的事情、認為有意義的東西，有的人重視工作、有的人重視家庭、有的人在乎同事關係、有的人在乎收入。每個人都有自己比較在乎的事物、沒有對錯。

大部分我們心裡面的糾結和衝突，往往可以追溯到自己不同價值觀彼此打架：

工作想要輕鬆安穩、又希望有點挑戰和刺激；希望職涯快速發展，但又注重生活平衡。這些不同的追求、其實就是不同價值觀之間的拉扯。

只要可以想想看你公司的老闆和主管就知道了：你有沒有遇過，什麼都想做、但每個項目都沒有投入足夠資源的老闆？

你有沒有遇過，什麼都想做、一天 20 小時都在工作，最後賠掉身體健康的老闆？

有時候我們也會成為這樣的人。

註 3：Super 的工作價值觀理論、Schein 的職業錨理論。

每個人的生命和時間都很有限，如果我們想要抓住一切，結果就會什麼都抓不住。

就像公司的專案要列出優先順序、集中火力，我們人生的追求目標也要區辨優先順序，如果今天只能完成三件事情，你會想要把時間放在哪裡？

以我們團隊研發的價值導航卡為例，統整了主流心理學理論後，列出大家常見的工作追求與目標總共 29 項，這邊舉其中 15 項內容給大家參考：

1. 資產與金錢
2. 晉升的機會與速度
3. 擁有自己的事業
4. 社會認可，受人尊重肯定
5. 領導團隊
6. 能被看見，有舞台能發光
7. 工作生活平衡
8. 發揮自己的天賦能力
9. 創新與創造
10. 獨立自主
11. 能持續自我成長
12. 安全感、可預測可掌控
13. 冒險挑戰
14. 有夥伴一起打拚
15. 解決他人的問題、幫助他人成長

大部分的目標看起來都很棒不是嗎？但實際上，每個選擇都有優缺點，很難同時滿足所有追求：新創公司比較有機會晉升，但就無法安穩或失去生活平衡；公家機關安全穩定，但就很難兼顧創新和挑戰。

　　可以花 10 分鐘的時間，思考一下上面的 15 項工作追求，挑出最在乎的前五名。再跟現在的工作、或是上一份工作比對並給分，也許你就會發現問題出在哪裡。

我們團隊開發的價值導航卡

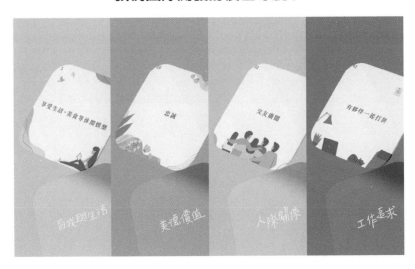

價值觀清單排序

1. 從前面 15 項工作追求中,挑選你最在乎的前五名。
2. 針對每一項價值在現職或前一份工作的滿意程度評分,滿分 100。
3. 範例:我非常重視「有夥伴一起打拚」這項價值觀,自由工作時期雖然自由但夥伴就少了點,滿意度 75 分;創業之後找來志同道合的夥伴,滿意度 90 分。

你的工作價值前五名	針對現職或是上一份工作的滿意度

PART 1

僕人思維和主人思維

01

驅使我開始經營個人品牌的契機

不想把自己的未來交在其他人手裡

剛進職場還是小菜鳥的時候,其實沒想過未來會成為一名自由工作者。 更沒想到自己過了幾年快樂逍遙的好日子之後,竟然會選擇創業當老闆。

人生十分奇妙,但有兩件事情是我一直以來都很清楚了解的:我只對自己想做的事特別有熱情、把未來交給少數人我會覺得很不公平。

多數公司通常不會在意你想要發展的專業方向

我第一份工作在人力銀行,當時談的工作內容是心理測評研發,但沒想到進去之後做的工作逐漸變得五花八門:

從一開始開發測評,然後因為公司是網站方式經營,要把測驗題目變成一個網站,我就在毫無背景和毫無培訓的情況下,搖

　　　　　　　　　　　　　　│ 主人思維 │

身一變成為網站企劃，用簡陋的 PTT、搭配網路上自己找來的各種 UI 專業資料，開始規劃人生第一個網站。

過程當中簡報設計真的非常破爛，各種頁面之間的串聯關係時常被我漏掉，不同使用者身分和權限的設置更是把我搞得一個頭兩個大。

好不容易完成了網站頁面初步企劃，主管說：那你繼續把後面的網站完成。

於是我就在不懂程式語言技術和網頁設計的情況下，又變成 PM 專案管理，開始和工程師、設計師夥伴合作。那段日子是黑暗的、其他夥伴是崩潰的。

直到現在我都非常感謝當時的夥伴們包容我的無知和愚蠢，非常有耐心地一步步跟我解釋各種細節，最後這些網站還是上線了，而且流量也非常好。

網站上線之後，要到學校跟老師們分享測評工具應用，主管某天靈機一動叫我們研發牌卡，一直到這個階段我還可以接受。

不過後來開始接到各式各樣的需求：

撰寫部門接的專案報告、甚至要去跑一些行政流程，開始感到越來越混亂，也和我想要發展的職涯諮詢專業背道而馳。

「這樣下去不是辦法，現在的工作內容並不是我長期想要的方向。」於是我第一次提出了內部轉調。

第一次提內調並沒有成功，因為諸多原因導致無法調整部門，但我並沒有放棄。後來在一個契機下，我想要轉調進去的部門，原本協助履歷健診的夥伴即將離職，而且他們部門正在做一個網站、負責該項目的同仁也半途離職，所以我過去幫忙收拾善後，並且趁這樣的機會轉調成功。

最後將近半年的時間，我主要協助履歷健診服務，一邊工作、一邊可以同時發展想要長期培養的專業，讓我非常投入，花了很多時間研究各種產業和職業、和來訪者討論資歷、以及鑽研文字寫作技巧。

多數公司不會根據夥伴想要發展的方向安排任務，有的是不太關心、也有的是受限於公司當下所需要的任務和個人搭配不上。

不論是無心或條件不允許，我們本人才是最終的受益者或受害者。如果自己沒有主動規劃，就無法預測工作會把我們帶到哪裡。

把升遷加薪交給三觀不合的主管，既危險又不公平

每個人在工作中，多多少少遇過那些讓你開始自我懷疑的主管：

「真的隨便弄一弄就可以交差嗎？可是我們交出去的東西品質很差耶？」

「都什麼年代了還把人當成本來看待？還在公開會議那樣地大聲嚷嚷？」

更別說有些主管完全把時間花在巴結上位、內部鬥爭，有同事遭遇不幸的時候還在猜說他是不是耍心機算計……

我經歷過不同公司，接觸過不同的直屬主管、別部門主管、高階主管以及老闆，也不是只有組織內，在工作外認識的朋友也很多。

總是會有三觀契合的人，也總是會有三觀不合的人。

三觀契合的人聊得來、好合作，三觀不合的人很難聊、難合作。即使有公事上的往來，也很難建立高度信任關係。

如果主管和你三觀不合，那他怎麼會重用你？幫你爭取升遷加薪？

職場是人構成的，也是個人治的地方。

縱使有前人打造的制度與文化，但在多數公司，直屬主管針對部門人事依然有非常高的話語權，老闆或高階主管其實沒有時間了解每個人的工作表現，主要都是聽直屬主管的意見：

這個人怎麼樣？該不該加薪？能不能升遷？

如果你在公司完全沒有其他人了解你的工作能力和品格，就只能讓主管的個人意見一家獨大，他對你的喜歡和討厭，從此影響了你在公司的未來。既危險、又不公平。

無論你要成為自由工作者或創業、還是持續待在組織中工作，都要認真經營你的個人品牌：你的專業和信譽。同事和客戶的口碑，可以幫自己創造更多機會。

　　為了讓我的未來不會被少數人左右，才會決定讓自己直接面對整個市場，在職涯助人產業中經營自己的品牌，如果真的不受青睞，也會自己認栽。

　　幸運的是，累積幾年之後仍然穩定，甚至進一步擴大創辦諮詢師培訓公司，用心理學角度切入職涯議題，也做到了這個領域的 Tier 1。

　　不會每一個人都喜歡你，但也總會有欣賞你的人。我們在職涯中要努力經營的重要事情之一，就是盡可能遇見那些喜歡你、你也喜歡的人，持續走下去、開拓各種面向，讓你的族人有機會認識你。

　　互相欣賞的人，就會有一起共事與合作的可能。彼此的正向回饋和肯定，會帶給雙方莫大的勇氣和鼓舞。尤其華人社會的集體主義特別強烈、團隊的影響更大，我反而鼓勵大家先找到自己在事業上的同溫層、能力圈，逐漸累積信心之後，再主動給予自己新的刺激和挑戰。

02

還在等待公司對你的規劃？

當你不把期待放在其他人身上，
你的**覺醒**才會開始

大部分公司其實並不在意我們的發展，只有我們會最在意自己的職涯。這是個冷酷的真相，早點領悟、早點覺悟。

我新鮮人時期還在體制內的時候，對於凌亂不堪的任務分派感到十分困惑：能不能根據我的專業領域安排工作呢？

或是能不能盡量按照我比較想要發展的方向發布工作？當時只覺得是管理者無心：

「只要有心留意、常和部屬討論，應該還是可以有很多調整吧！」然後默默抱怨管理階層的領導心態和能力。

當然也有這部分的原因沒錯，只不過輪到自己當老闆之後，才發現更多心力和現實的侷限。

簡單來說，有心無力，或是即使有心有力，公司發展方向和速度，也不一定能和部屬的發展方向與速度一致。

創業當老闆之後，每天都在思考的是公司經營、業務開拓，確保可行的商業模式、掌握金流的出入是否能夠營運。

幾乎 80%……不，是 90% 的重心，完全以公司為主，公司的生存、項目的進度、傾聽市場顧客的聲音……，每天思考規劃和討論合作就已經占掉非常多時間，初創期的生存線還沒有確定度過，根本沒有時間思考到太多關於夥伴的部分。

即使已經時常提醒自己和主管們要固定跟夥伴們一對一深談，這樣的時間頻率也只能抓到一季左右一次。（當然也因為公司人數還沒那麼多，初期事情比較難有新變化等也都有關聯，還不需要太過密集 1 on 1。）

更不用說很多公司可能還在生存線掙扎、尚無專職的 HR 可以專心協助、主管也不一定有這樣的能力，或是更悲慘的說，老闆也根本不關心這件事情，只要員工穩定、乖乖聽話不要鬧出問題就好。

公司的發展方向與速度 VS 個人的發展方向與速度

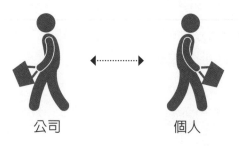

公司　　　　　　　　　個人

除了領導階層是否有心，再來就是公司和夥伴雙方，發展方向和速度的問題。每間公司都有公司的發展方向和速度，跟策略、資源以及老闆有關。

比如一樣是職業生涯發展領域，有些團隊經營的是 C 端的來訪者諮詢，我們團隊經營的則是職涯諮詢師培訓。（可以理解為 to b 的商業模式）

跟當初創辦公司的目標和策略有關，當然也是因為我個人滿想做這塊所以如此定位。

因此，我們的所有產品和服務，都圍繞著「想要成為職涯諮詢師的人」展開。藉由了解這個族群的需求、和他們對話溝通，持續研發並提供有價值的產品和服務。相對的，所有的工作角色設置，也都會圍繞這樣的主題展開，需要營運、需要培訓、需要行銷，跟這個方向有關的工作，才會需要邀請夥伴加入。

也就是說，即使你工作表現非常優秀、我們雙方感情再好，沒有需要就是沒有需要、沒有位置就是沒有位置。

「我們都很棒，但目前沒有可以合作的地方。」諸如此類的遺憾經常發生。確實有可能因人設事：

先找到很棒的夥伴，再認真思考可以怎麼合作。但這終究限於資源比較多的公司。有錢才能任性，白手起家的小團隊每一分錢都必須用在刀口上。

第二，彼此的發展階段需要契合，才能一起前進。用行銷工

作舉兩個例子大家就能了解：

1. 如果你是一個全新的肝，適合加入我們公司嗎？可是我們沒有行銷專才、你是第一個、沒有人可以帶你，你會遇到非常多挫折也沒有辦法得到答案，這樣的話你真的想來我們這邊嗎？會不會還是想去可以學習的地方？

2. 你已經有幾年相關經驗、非常棒，相信接下來你會需要更進一步的舞台，可是我們這裡沒有預算請太多人、資源也有限，這個位置需要花很多時間執行細節，你可以接受嗎？

完美的契合，需要天時地利人和

假使有個夥伴進公司幾年時間，接下來想要鑽研特定領域、或是尋求更進一步的成長，公司的發展速度和階段如果沒有辦法提供適合的機會，雙方也只能和平分手、分道揚鑣。想要在每一個階段都能和公司的發展機會搭配，大概就跟一對夫妻牽手走一輩子那樣困難。

有心力問題、也有實際侷限，當我們看透這些之後就會發現：

不該把職涯發展的期待放在公司身上，我們要先有我們自己的發展計劃，再思考可以怎麼跟公司合作成長。

現在並不是公司為員工負全責的時代，而是雙方互惠、各取所需的聯盟時代。我在第一份工作的時候發現了這件事情，於是開始規劃自己真正想要發展的職業。

｜ 主人思維 ｜

一定要記得：「你擁有你人生的主導權。」

跟大家分享我開始自我覺醒之後，在還有正職工作時即一邊準備未來的計畫和經驗。

剛開始工作第一年，我還能接受主管安排的多元任務，從測評開發到網站 PM 等等，把這些經驗當作一種職涯探索，方便我嘗試不同的職能角色。

但當我確定要往職涯諮詢的方向前進之後，多元任務就變成一種混亂的阻礙。

於是，第二年開始我大量運用下班時間進修，了解產業的狀況並培養未來所需的專業技能，然後開始主動提出並爭取比較想要的工作：

平常會跟主管提到自己感興趣的任務，包含演講、寫作、職涯相關內容；也在部門需要完成的眾多任務當中，盡可能主動爭取想要的事情來做。

以部門任務為中心，開始一點一滴調整自己承接的工作內容，稍微的、把工作變成自己喜歡的樣子。

工作第三年，是我全力衝刺職涯諮詢師的發展，努力準備離職之後成為自由工作者的關鍵時期。非常想要轉入公司其他部門、專職從事履歷健診，主動提出內調申請。

（大公司的其中一個優勢就在這裡：部門多、業務多、角色多，比較有機會轉換到其他職能。小公司就很難有這麼多位置。

但是否能夠內部轉調，除了公司規模，也要看公司制度文化、以及主管風格，有些地方能夠內調、有些地方非常困難。）

　　有將近半年的時間，我可以全職從事履歷健診，有充分的時間協助報名健診的朋友們，不管是整理寫作技巧、研究產業資料、個別訪談，以及詳盡細膩的履歷優化回饋，不只獲得將近滿分的使用者好評，也累積很多時間發展自己期望的專業。最後也順利接軌到職涯諮詢的自由工作。

　　當你發現必須由自己開始主動改變、影響世界，你才會越來越熟練地掌握職場的快樂發展之道。

03

主人掌握命運、僕人接受安排

主動創造你想要的世界，
比找到完美又適合的工作容易得多

主人思維不只是「想要做自己」的口號；這樣的心態和精神，需要深度地自我覺察、對自己有正確的認知：

能夠肯定並發揮自己的優勢、理解並接納自己的劣勢和能力侷限，理解現實卻依然擁有積極的希望。

他們能夠把握自己前進的節奏：包含職涯發展的方向和速度。

界線清晰、信念不會受到外界噪音和雜訊的汙染和干擾，具備成熟的心智，不會反過來被自己內在的焦慮和匱乏控制。擁有駕馭自己人生風浪的強大力量。

曾經我也在大集團公司裡度過社畜生活，面對工作上的豬隊友和雷客戶不斷抱怨，覺得自己只是寄人籬下沒爹沒娘的孤兒、只是大機器裡面運轉的小螺絲釘工人，沒有人會真正在乎和關

注自己的工作。（廢話，公司又不是你家。）從未想過自己可以重新找回主導權、只是和同事抱團取暖、發發怨言，不停重播受害者的悲苦劇情。

老實說，要找到可以一起開罵的人真的很容易，大部分上班族只要罵公司或罵主管就超級來勁，畢竟批評別人總是比自己努力還要簡單很多。

我也曾經歷這樣的階段，不斷宣洩各種負面情緒、怨天尤人，但過了一陣子後我逐漸發現：沒有任何事情有所改變。

一樣的問題、一樣的人，我停留在穩定而習慣的痛苦劇本中，期待下班之後暫時解脫，但隔天又要面對無解的工作地獄。

「這樣下去不是辦法！抱怨完了我的人生還是一樣痛苦。」心中逐漸出現這樣的覺悟。從那一刻起，我開始找回原本就應該存在的職涯主導權，自己規劃、自己決定、自己努力、自己負責。

那時候，我發現自己過去經常只是等待。

期待有美好的事情發生、有很棒的事情實現，但我只是等待這些事情發生。後來我領悟到：**行動比等待容易**，創造合作機會比遇到夢幻工作容易，主動影響劇情比被動接受劇本容易，先為他人付出比擁有好友、認識人脈容易。

朝向你想要的目標付出的任何努力，都會加速你的夢想實現，但是等待不會，平白地等待只會等來失望。

｜ 主人思維 ｜

在自我覺醒的過程中，徹底領悟了幾件事情

一、大部分情況下，沒有人真的在乎我們的人生

不要期待有人幫你，你要先幫助自己。自助而後天助。

人們只是過客，給一些陳腔濫調的建議和無關痛癢的安慰。

他們的比手畫腳也不是因為關心你，只有本人才會那麼在乎自己的人生。如果連你也不為了自己的人生負責，就不會有任何人為你拚命努力。

當然，一些家庭、好友或伴侶例外，能遇到的都是幸運。

二、只有本人能決定和衡量自己的人生

心理學反覆提到一個重點：雖然有平均的人性趨勢，但細部來看每個人都有所不同。

每個人對職場成功和幸福的定義都不同，這些全部都是自己的主觀感受。你認為成功就是成功、失敗就是失敗，最終都是由你來定義。你不敢主張和追求你真心想要的東西，對你的內心來說就是地獄。

你想要什麼只有你能決定。

我們諮詢師會協助你找出線索，但最終的解釋權在你手中。

所以我認為談職涯不能不談心理學。因為我們不是數據資料中的平均值，我們是活生生的人、有好惡和軟弱，是真實世界中的一個個體。

每個人的人生和職涯都絕無僅有、與眾不同，那些想要活成其他人的人，最後都很不快樂。

三、人生是自己選擇的

現在的生活，幾乎都是自己本人選擇和決定的。是我們的同意與否、接受與否、努力與否，自己選擇了現在的生活。

不選擇也是一種選擇，你就是選擇了一邊埋怨、一邊接受。

沒有人的生命軌跡是被絕對預定的，先天和後天都會有所影響。當你相信命運可以改變，你才會努力到讓自己都感到驚訝的程度。

當你認為人生都是宿命，你的努力也只不過是盡可能負責的水準。不夠豁出性命的努力，當然無法扭轉命運。

我也學過社會學，了解階級、貧窮和疾病是多麼抹滅一個人的努力、讓有些人的掙扎再怎麼樣也只不過是好不容易構到其他人的起跑點。我知道。

但我相信我們學習這些，不是為了變得悲觀沮喪，而是想要在絕望的世界中開出一條希望之路、尋找破局的方法為之奮鬥，為人們創造更美好的世界、建設更美好的地上天國，才是我們學

| 主人思維 |

習那麼多學問和知識的目的。

有好多人逃跑了，也有很多人不曉得自己在逃跑。所謂逃跑，不是只有在戰場上兩軍交鋒才有逃跑。只要你不敢直視和面對真正的問題，耗費心思在其他彎彎繞繞的事物上，我們就是正在逃跑。

身邊很多人不就是這樣嗎？

在外面努力工作拚命加班，只是不敢回家面對另外一半和小孩；每天都說今年一定要離開公司，結果過了十年都還死守原地。

逃跑的人，一輩子都在流浪；逃跑的人，一輩子都抵達不了終點。

希望你的職涯選擇，是出於追求而不是逃跑

是你知道你有想要的東西，也知道自己正在為此努力。

而不是即使光鮮亮麗依然換過一個又一個，真正的原因也許只是因為：你根本不曉得自己的人生想要什麼。

後來我終於成為自己職涯的主人，開始練習表達自己的看法、說出自己的聲音，對這個世界提出需要的東西、對這個世界訴說想要成就的願望。

「我要成為我想看見的改變。」如此在心中對自己說。
「你要成為你想看見的改變。」祝福你也能如此做到。

04

開始經營你的職涯

運用 EPSD 職涯發展階段理論，
走出自己的道路

　　到底該怎麼經營職涯？

　　考慮到過於瑣碎的經驗談可能會失去全貌，在這邊分享我個人觀察整理的 EPSD 職涯發展階段理論，以及自己的相關實踐經驗，提供大家具體參考。

EPSD 職涯發展階段理論 （陳韋丞，2022）

　　E 探索定向 Exploration Orientation
　　P 專業成長 Professional Development
　　S 舞台展現 Stage Performance
　　D 多元選擇 Diversified Choices

EPSD 四大職涯發展階段	工作建議
E 探索定向 **Exploration** **Orientation** 階段描述：職涯初期還在摸索適合自己的方向，無論是自己的天賦熱情、或是找到相對競爭優勢定位。 關鍵行動：開新地圖，不斷接觸嘗試各種領域拓展視野，以便找到比較想的方向。 時間長度：至少三年的探索，我認為是比較初步足夠的時間。 重要目標：能從 365 行當中，下定決心選擇聚焦少數幾個職能和產業領域進一步發展。	1. 在大公司的話，可能因為過度專業分工導致無法多作探索，但如果是集團新事業體、正在轉型或開發新市場的部門，過程中會有非常多需要多工的灰色地帶，這時候就可以主動爭取，作為自己的職涯探索任務。進入公司之前，需要針對公司近期發展的業務方向有所了解，才能彼此搭配。此外，大公司因為崗位多元，如果內部輪調機制好的公司也有助於探索和體驗。 2. 無法進入大公司，小型公司一人多工的狀態、第三方接案公司可以看到的產業豐富性，或是新創公司的角色快速變動與多功能，也都是可以協助我們探索的不錯選擇。 3. 如果正職上班的工作過於單一，也可以運用下班後的時間開啟 Side Project（指個人專案，通常是想要解決某個問題或是滿足自己興趣），你自己就可以開始嘗試並獲取經驗。不要把所有期待寄託在公司上，不要忘記自己有主動權。 4. 求學階段盡早實習或參與各種學習社群的專案，可以提早開始探索。

EPSD 四大職涯發展階段	工作建議
P 專業成長 **Professional** **Development** 階段描述：確定好想要發展的方向後，需要盡快具備一定程度的專業能力。 關鍵行動：在公司內外、正式與非正式學習資源和管道，花時間打磨作品和經驗。 時間長度：每個領域紮根專業，初步階段至少三到五年會比較完整。 重要目標：把特定職能的專業累積到這個領域的 80 分左右、或是兩個領域各自60 分以上，會比較有競爭力。	1. 當前職場環境快速變動，能脫穎而出的人一定擁有持續學習的習慣、可以快速成長。但學習資源不是只有教育訓練課程，公司內外正式與非正式的管道，都是可運用的資源。 2. 在公司的學習：加入優秀團隊、教育訓練課程、把工作當成學習、爭取專案發展新技能和經驗、向厲害的人請教、收集同事和客戶回饋、舉辦讀書會分享，都是在公司場景中可進行的有效學習。 3. 本職工作占了大部分時間，如果工作本身無法持續學習成長，就會浪費一大部分的時間。不要太期待下班後的進修，一天頂多兩三小時就很滿了，而且很常偷懶放鬆。 4. 公司外的學習：現在網路上資源豐富，各種線上課程和學習社群繁多，也有很多業界的導師計畫，看書閱讀也是很棒的學習。但資料龐雜、眼花撩亂，要評估哪些資源比較優質，比較省時省錢。 5. 為了打造專業競爭力，了解並運用自己的天賦熱情、選對戰場發揮很重要。沒有相關優勢，有些事情就是很難做到 80 分以上，這樣的成就只能處於平均值，無法脫穎而出。

｜ 主人思維 ｜

EPSD 四大職涯發展階段	工作建議
S 舞台展現 **Stage Performance** 階段描述：專業累積足夠之後，就要尋求下一階段的突破，讓你的能力為眾人所知，是很重要的一步鋪墊。 關鍵行動：建立里程碑、打造代表作、行銷曝光、創造人脈等等。 時間長度：建議三到五年，但因為前面累積不同，有人快、有人慢。軟實力強，尤其擅長人際溝通和行銷推廣的人就會很快。 重要目標：不要只有公司內部少數人知道你，要在特定業界或網路社群的名聲廣為人知，才會開始獲得資源傾斜。	1. 透過實力取得大眾認可、也可以說是專業個人品牌的經營，主要包含兩大層面：專業成果累積和行銷傳播曝光。 2. 在工作上，找到可以累積戰功和里程碑的發展中公司，然後要讓自己去到可以接觸產業上下游夥伴合作夥伴或第一線客戶的位置，盡量不要只有公司少數人知道你，很難建立產業知名度。 3. 所謂舞台，對業務來說，就像是需要開拓新市場或創造爆發性業績的企業；對研發人員來說，就像是進入業界頂級專業的公司，或打造產品進入大型市場、擁有特別專利等等。過於穩定只需要維護舊有客戶的企業，比較難累積戰功。 4. 有了專業上的實際成果，也可以自己透過傳媒管道曝光和行銷、和有名的 KOL 合作、打造自己的網路社群聲量，在質和量方面，都要讓人對你留下印象。 5. 建立各樣人脈機會也是這個階段的重點，針對你想經營的 TA、了解相對的利害關係人，可以加速這個過程。 6. 無論你對未來的規劃如何，公司內外都要經營個人品牌，才會讓你脫離一般社畜生活，獲得更多市場青睞和選擇權。

D 多元選擇 Diversified Choices

前面三大階段，都有比較固定一點的發展規律以及可操作模式，但如果你完成了第三階段、擁有可以被人記憶的成果和作品，就會發現逐漸有各種機會、可以獲得許多資源、出現各種合作夥伴，此時所有的工作就是可以被創造出來的，也成功達成經營職涯的目標。因此後續的選擇，更多的是個人偏好和意願，走出一條屬於你的道路。

　　我自己還在探索定向 Exploration Orientation 階段的時候，雖然公司是數百人的大集團，不過各自部門營運的型態比較像是小公司，需要一人多工，大主管也經常發展新的專案，因此有大量且多元的領域探索。我也曾經想要體驗獵頭工作，就跟獵頭前輩聯絡並說可以幫忙他找人，甚至不用分紅，只需要教我獵頭專業的招募概念和技巧就好，算是自己開啟的 Side Project。

　　第二階段專業成長 Professional Development，我運用下班時間大量進修，參與各種課程，還拿過上百小時的國際認證，當時一到五上班、六日都要上課的日子真的非常累人。後來為了在上班時間也能累積專業成長，透過內部轉調轉換工作內容，都是相關的策略。但因為我所在的職涯發展領域比較特殊，沒有人可以明確定義這個職業需要哪些專業、解決哪些問題，專業能力的等級和深度又怎麼區別，所以我一邊透過實戰經諮詢經驗，了解自己的不足，再去尋找可能的學習資源，花在自學閱讀的時間非常多。

　｜主人思維｜

到了舞台展現 Stage Performance 的第三階段，我主要做了幾件事情：

第一，建立自己的 CakeResume 自我介紹網頁，讓大家知道我這個人的背景經驗、專業技能，以及可以提供哪些服務。

第二，把自己的諮詢經驗心得，撰寫成文章放到 Google 部落格，並且投稿到知名媒體關鍵評論網，大幅拓展這個領域的知名度。

第三，在網路上尋找從事職涯發展領域的相關團隊，討論合作可能性。持續接下許多大專院校和公家機關的演講與工作坊活動，實體聽眾快速突破兩萬人。奠定後續在何則文開辦的職涯實驗室線上公益講座，能夠有超過 1000 位聽眾報名的成果。也因為這樣的緣分，後來和顯立哥、Lydia、則文一起建立了 TYCIA 協會，期待幫助更多迷惘的青年。

這些都是比較主要的投入，初期的醞釀期比較長，但累積幾年之後就會越來越加速。

在上述的過程中，與其說我一開始就非常確立目標追求快速達成，我更多懷抱的是：想要認識新朋友、協助並解決來訪者的問題、做有意義和價值的事情、不斷累積專業並發展下個階段等各個目的。帶了一點彈性，也重視工作生活平衡。在前面這些經驗和養分的鋪墊下，後來我確立了長期想做的事情，並創辦自己的職涯諮詢師培訓公司——職游，也是第四階段的起點。

我自己接觸生涯心理學領域的發展階段論，都比較偏心理層

面，具體務實的策略方針很少，才會想要整理出這樣的內容。這個理論除了我自己的觀察，也融合了各種老師的經驗談文章，十分感謝這些前輩分享出來的職場智慧，尤其李柏鋒老師談到職場代表作的文章，帶給我非常多啟發，讓我明確體會到為什麼有些人後來可以擁有那麼多選擇權和資源，關鍵就在於馬太效應。馬太效應，講的是現實世界的資源傾斜原理：馬太福音 13:12 凡有的，還要加給他，叫他有餘；凡沒有的，連他所有的也要奪去。

大家可以評估自己位於哪個階段、需要怎麼樣的機會，以及過去哪些地方也許沒掌握好，導致現在的職涯卡關遇到瓶頸。此外，這些階段的時間長度，也不是各自獨立切開的，並非一定要完全按照每個階段的建議時間 3+3+3（年）這樣的時間歷程。你只要比一般人更願意投入時間努力，就可以同時多軌進行。只不過做每件事情都需要一定的學習成長期，才會到達稍微熟練的階段。

｜主人思維｜

05

I. 內在三角形

以你的優勢特質為中心、設計你的職涯藍圖

有次到高雄青年職涯發展中心演講，講授主題是：該怎麼做出長遠的職涯規劃？

主辦單位說，很多人經常轉換工作、但又找不到明確方向，因此邀請我分享這個題目，幫助大家作出長遠的規畫，避免一直轉職的困境。

確實，**轉換工作真的是非常大的壓力事件**，並不只是換工作那麼簡單。

遲遲沒有辦法確定自己想要什麼的焦慮、轉換工作面對的社會眼光、家人期待、新公司 HR 和主管的質疑，被貼上草莓族、抗壓性低、太理想主義、挑工作等等負面標籤，還有到新職場環境的適應問題、主管同事相處問題⋯⋯每一件都讓人頭痛不已。

一邊前進的時候也一邊想著：這次我會不會又做出錯誤的決定？

會不會又不適合我？會不會再度後悔？

過去的朋友同事早就已經升官發財、買車買房，那我這段時間是不是全都浪費掉了？

如此在痛苦的思緒和情緒中不停打轉。

其中一個問題的癥結點是：我們腦中缺乏整體輪廓、沒有辦法看見全局。

在面對龐大壓力和痛苦的情況下，我們的視野通常會變得狹窄，明明應該是整體權衡的考量和取捨，卻反而經常演變成二選一、或是急就章的輕率決策：

「好像只能選這個了」、「先有一份工作再說」、「那麼痛苦乾脆裸辭好了」。

如果能知道完整的規則，就會知道怎麼玩這場遊戲

我梳理了自己學習的各種領域概念和技術，統整出一個涵蓋內外面向的動態系統觀點，希望讓大家對整體職業生涯輪廓有所概念，藉此能夠清楚的知道自己的問題在哪裡、需要解決的是什麼。

我會先用三個三角形說明職業生涯規畫的整體框架，然後依序解釋相關的概念和流程步驟。

至於如何到達那些目標，每個知識點又可以再延伸出一些理

論和工具，就有待之後的篇幅來談。

必須要先提醒的是：並不是有概念就可以達到目標，有了方向還需要有 How 的方法論。這也是為什麼很多人看了有道理的職涯定位文章，也還是沒辦法找到適合自己的工作方向。舉個例子：之前 Ikigai（生き甲斐）的概念非常紅，但過不久又沉寂下去。

只要找到你喜歡的事、你擅長的事、世界需要你的事和有人願意付錢給你的事，這幾件事情的交集，就可以找到 Ikigai —— 你活著的目的。[4]

大家剛開始看到這個概念，可能覺得非常豐富完整，似乎是一盞充滿希望的明燈，但想著想著卻又不知道該怎麼做。

其實 Ikigai 的方向是好的，但他只提供了方向指引，沒有提到如何找出這些內涵的概念和工具。

這就像是告訴你遠方的目標，卻沒有給你船、槳、地圖和各種工具。最後當然只能望洋興嘆、徒呼奈何，無法到達目的地。

註 4：請參考《富足樂齡 IKIGAI，日本生活美學的長壽祕訣》

職業生涯動態系統

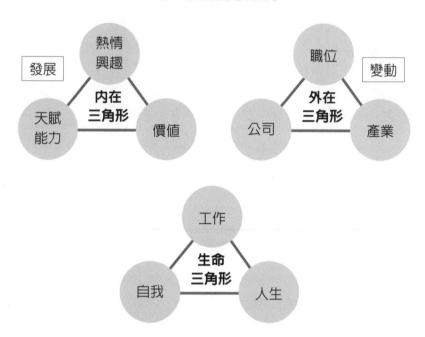

先來看一下全貌圖：內在三角形、外在三角形、生命三角形

內在三角形：個人的心理特質

外在三角形：職業世界的狀態

生命三角形：對工作、自我和人生的期待。想要成為什麼樣的人？想度過什麼樣的生活？

職涯方向定位的順序是：由內而外，然後同時考慮理想和現實。

職涯問題處理的層次是：通常先處理方向定位問題（內在、外在三角形），再深入探索生涯意義（生命三角形）。

很多人容易受到趨勢潮流影響，認為現在什麼是熱點就去追，但沒有考慮過自己是不是真的適合那個方向。

行銷也談一樣的事情：不要去蹭每一個熱點，落到自己專業守備範圍的點再好好把握，不要為了搭上順風車而丟棄自己的定位。長久下來別人反而不曉得你真正的樣貌，你自己也會誤會自己真正的模樣。

我的來訪者當中，有一定比例遭遇這樣的狀況：工作很好、薪水很高、發展性強，但他真的不快樂。

工作是自我的延伸，如果工作中的自己，不是自己想成為的模樣，就會感到痛苦、掙扎，在抗拒中消耗所有的精力和意志，回家之後只想躺在沙發上放空、追劇，什麼進修計畫都放在一邊。因為你已經在工作中費盡心力、偽裝了八小時的自己，下班之後當然只想休息。所以，不要再責備自己拖延不上進了，這其實是很正常的結果。

職涯定位的順序是由內而外，先掌握自己的興趣、能力和價值觀，再去看看外在有什麼樣的機會適合自己，這才是長久的職涯策略。

在生涯規劃領域中，「興趣—能力—價值」被稱為內在金三角，如果要了解自己的職涯定位，至少要掌握這三個核心。

若是要再多掌握一些訊息，第四個可以討論的就是性格。接下來分別談談這些不同概念在職涯定位中扮演的角色。

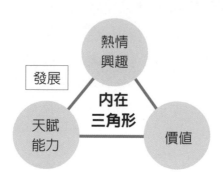

興趣：喜歡的事物、基礎的大方向

我們都知道：興趣不一定是最後的職業選擇。那麼興趣到底扮演怎麼樣的角色呢？

興趣是我們喜歡的事物、是基礎的大方向，但我們最後的職涯決定，會跟過去背景、能力適配、收入需求、生活型態等等有關。

興趣最能預測的是：我們能夠在那個領域待多久？興趣不合的領域，真的很難做到最後。

比如說，我雖然知道寫程式是目前非常夯的技能，看程式代

碼的時候也可以理解邏輯，但是我真的完全沒有興趣，我的興趣在於和人互動、幫助別人解決問題。

興趣能讓我們知道職涯定位的大致方向，也就是說，基本上往哪些地方去，會是自己比較喜歡的工作。但要做出最後的決策，至少還要考慮能力和價值觀。

能力：硬實力／領域能力／專業能力，和軟實力／可轉移能力

職業是一個殘酷的世界，在商業價值的市場當中不得不和其他人競爭，能力如果太過不足、太沒天賦，通常我會建議對方謹慎考慮。

能力的養成跟訓練背景有關，簡單來說有硬實力和軟實力的區別。

硬實力跟專業有關，比如繪畫功力、程式水平、外語實力。

軟實力則是每種職業或多或少都會用到的能力，比如溝通表達、人際互動、專案管理，在職涯發展的領域中也會用可轉移能力來指稱。

除此之外，即興演出、視覺空間能力、烹飪等，也都是我會和來訪者討論的領域能力。

在定位的過程中，會進一步區辨哪些是優勢能力：自己特別想發揮或相對擅長的能力，我會歸類到優勢能力。

在一份工作當中，如果經常能運用自己特別想發揮或相對擅長的能力，工作滿意度、成就感和績效表現，當然就會比較好。

在分析當事人的優勢能力後，我們會用來比對當前的職位和未來的選擇，當前的職位發揮多少比例的優勢能力？未來的選擇又能發揮多少優勢能力？

價值：你覺得有意義和價值的事

這不是唱高調，價值觀通常關乎我們最終的選擇。

在工作選擇方面最可怕的事情之一就是：每個人的建議都有他的道理、每個選擇都有優點和缺點。沒有絕對的對錯、我們只是在不同版本的未來當中，選擇出一個版本，然後被迫放棄其他支線劇情的可能性。這種沒有絕對答案的問題，正是很多人焦慮的來源。

「你能不能給我一個簡單的正確答案？」

「真的沒有完美選項存在嗎？」

「我轉 PM 之後還能回來當工程師嗎？會不會被質疑技術落後？」

當你發現再怎麼看網路文章、再怎麼和人討論，你都還是無法做出決定、下定決心的時候，這就代表我們需要聆聽自己內在的聲音了。

再怎麼理性分析思辨，該評估的面向都考慮過，此時只有我們的內心可以幫我們做出最後的決定。

　　興趣—能力—價值，是在探索個人定位時的基礎模型。有了這三個面向的定位，就像是 3D 立體圖一樣，能夠初步幫助我們發現自己的內在特質。

　　接下來我們準備前往下一個階段：內在特質和外在職業世界的比對。

　　說到這裡，不曉得有沒有人想問：大家常說的熱情和天賦又在哪裡呢？跟興趣和能力又差在哪裡呢？這部分的論點百家爭鳴，我個人認為興趣的進階概念是熱情、能力的進階概念是天賦，這些會用後面的獨立篇幅深入說明。

06
II. 外在三角形

同時評估內在特質與外在現實，
取得最佳平衡

透過內在三角形最能直接預測的，是外在三角形當中的「職位」。通常充分探索一個人的興趣能力價值和熱情天賦之後，就可以開始進行職位的選擇。

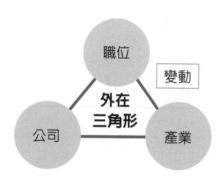

職位：最直接的工作內容，也是大家最常見的問題

通常在職涯諮詢流程中，會搭配使用職游旅人牌卡，裡面有較為常見的 100 種職業選項，提供很完整的盤點，讓來訪者可以根據前面的探索，仔細挑選最後三到五個方向。

在進行諮詢時，許多人經常想不起來到底有哪些職業類別，如果只能在少數個職業當中挑出一個，硬是讓自己穿上不合腳的鞋、不合身的衣服，當然會有各種痛苦和困難。

一旦可選擇的選項擴充到一百個，當然就比較容易找到適合自己的方向。

這邊先提到整體輪廓概要，詳細的分析內容和方向指引請參考本書中的篇幅〈六大職業興趣解析 I：心理學家教你用個性預測適合自己的職業方向〉（p.115）。

產業：環境同時會對實際層面和心理層面產生影響

除了職位，產業也會影響工作契合度。

透過內在三角形的深度探索，也可以同時評估我們喜歡的主題領域、工作型態。每一種產業都會有相對應的產業特色，包含產業目前在上升期或是衰退期，這會影響實質上的工作機會和待遇。

也許你喜歡傳播媒體領域，但是那樣高強度的工作型態你無

法接受。

　　沒有進行變革的傳產很穩定、大概也能繼續做很久，不過你可能就會覺得非常無聊。

　　當然，再怎麼樣討論平均狀態，也還是會有特例，所以只是概況的評估，增加我們找到適合環境的機會。

　　產業的評估，除了實際面的機會和待遇，也包含了我們是否會喜歡和適應那樣的環境。

　　有位朋友對於助人工作一直非常嚮往，很希望他的工作能夠對於其他人有益處、能提供幫助。但他的職業類型本身是面對電腦的工程師，為了不要付出過高的轉換成本，我們轉向產業的調整，優先從醫療保健和教育輔導等助人產業當中尋找機會。也許是醫療系統、線上課程系統研發，或是偏向客服工程師的路線。

公司：企業文化和主管風格的影響

　　根據民間傳說，離職 80% 以上都是因為直屬主管。每個人都有個性，企業會有特定的文化、主管也有自己的風格。藉由內在三角形的討論，我們可以開始預測自己適合怎麼樣的公司和主管。

　　有些人喜歡安全穩定的制度、有人想要充滿冒險和挑戰的氛圍；有人希望主管可以清楚交代 SOP、但也有人不希望主管要求細節。

如果性格和主管衝突、和企業衝突，即使再怎麼喜歡這份工作和同事，我們遲早也會選擇離開。

像我是很追求自由獨立的個性，因此如果待在組織當中，會希望主管授權、給我足夠的空間發揮；也有許多像我這樣的人，最後發展成自由工作者，然後就回不去了（誤）。

內在與外在的平衡

先看內在再看外在，是為了讓我們可以充分了解自己的優勢範圍，再對應到職業世界比較高價值的區域，避免一開始就追逐高價值區域，但最後適應不良還是放棄。

也絕對不是只看內在，單純鼓勵人追逐天賦熱情是不太負責任的作法。外在環境的現實條件也很重要。

現在因為少子化的關係、老師的職缺日漸下滑。許多流浪教師在各個學校的甄試來回奔波，如果及早思考其他的教學路線：補習班、線上家教、社區大學等等，或許會有更寬闊的眼光，避免走投無路的痛苦。

要做出最後的選擇時，我會用這個概念決策公式，協助來訪者做出決定（陳韋丞，2022）：

$$\text{高價值決策} = \frac{(\text{個人心理價值} \times \text{相對競爭優勢} \times \text{市場經濟價值})}{\text{所需投入成本}} \times \text{實現可能性}$$

如果當前同時有好幾項選擇,就會需要認真評估每項選擇所能帶來的價值,以及需要投入的成本(時間、金錢⋯⋯)。

但關於價值這件事情,除了有形的市場商業價值(職缺需求、薪資待遇⋯⋯),也要記得把無形的個人心理價值納入考量(喜歡、意義感⋯⋯),才能做出平衡理想與現實的選擇。

相對競爭優勢這個項目,包含你個人的天賦熱情等優勢特質、你容易做得比別人好的地方,也包含外在條件、背景資本、技術掌握等等。

多發揮你的相對競爭優勢,能夠極大化你的市場價值。

實現可能性,則是計畫的可行性和成功率。

內在和外在有可能發生變動,職涯發展是動態的結果

很多人希望找到一個能做一輩子的職業,但我們忘記人會變、環境也會變。我們在 20 歲、30 歲、40 歲的不同階段,興趣稍微轉變、某些能力更加成長、一些追求也有調整,這時候如果還固守原來的選擇,反而會帶來持續的痛苦。

此外,我們也對世界有很多誤解,認為現在的職業、產業、

公司應該不會消失。人總是期待一切都可以長長久久，但許多事情早就已經有改變的跡象。

不論是你我、感情、環境，都是這樣。

當環境改變、機會流動，在那個當下重新評估和轉換，趕快跟上下一個時代的規則，會是比較有智慧的做法。

所以說，適合自己的工作方向，是一種動態取捨的結果。

開車開到一半，如果發現原本地圖上面的路中斷、或是想去其他目的地，那時候當然可以重新設定 GPS 系統，導航到另外一個地方。

如果什麼都會變，那還有所謂的長遠職涯規劃嗎？

還是有的。

長遠的職涯規劃不是某個點、某個職業、某個公司，這些都是當下較佳滿意解的結果。

長遠的職涯規劃，是一個方向而不是單點。

透過職涯動態系統提供的三角形框架，先找到我們想要的大方向，就會成為我們心中穩定不變的力量，成為職業生涯的指南針和北極星。

以我個人的例子來說：

人力資源、心理諮商、職涯諮詢、演講、教學、建立系統……，這些都是我喜歡的方向，只要屬於這個範疇的事情，我

都很願意嘗試和創新。

我不斷嘗試新的機會、認識新的朋友，想要認識善良的人、有趣的人，和他們成為朋友，然後和喜歡的朋友們一起工作，這就是我對自己職涯的追求和想像。

如果說有沒有一個特定的主軸，那我想應該會是：

「把每個人放到屬於他的位置。」

阿德勒說，每個人最主要的生命任務有三個：工作、友誼和愛。我一直相信：如果一個人能夠找到對的位置，他的生命就很容易會是開心和快樂的。但願你因工作而喜悅。

07

III. 生命三角形

關於你想成為的人、想實現的人生

前面兩篇比較談職涯的實際層面，這篇探索的主題則是生涯意義的層面。想要找到有意義的工作、有使命感的工作、有價值感的工作，甚至找到天命和天職，是不是真的很困難？

生命三角形：工作觀、自我觀、人生觀

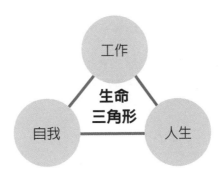

工作觀：是我們對於工作的看法

透過前面介紹的內在與外在三角形，我們已經對工作有完整的了解，接下來仔細談談自我和人生的部分。

自我觀：你有沒有成爲你想成爲的大人呢？

自我觀指的是：我們想成為什麼樣的人？

在現在的生命中，我們是否已經成為自己也會喜歡的大人了呢？還是我們不曉得自己想要成為什麼樣的人？這時代很多人說要做自己，但會不會有一種可能是：大多數人其實也不清楚自己想要成為怎麼樣的自己。導致最後想要追求的好像是大家都會崇拜的厲害目標，活在一種假象的努力當中，即使自己並不喜歡也還是催眠自己接受。

如果我們現在的生活，和過去的自我脫節、和未來嚮往的自我脫節，此刻的生命被切割獨立出來，和過去與未來毫無相關，活在此時此刻的我們，當然會覺得非常迷惘、毫無動力。

因為你現在過的生活並不是真正的你。

Role Model 是我經常使用的諮詢問題。（Role Model 詳細內容請看 p.36）

有一次和一個房地產業的朋友聊天，他說雖然工作有成就感、收入也還不錯、公司很重用他，但他還是覺得越來越不快樂，

　　　　　　　　　　　｜主人思維｜

不曉得問題出在哪裡，所以想要找我聊聊。

　　剛開始我用內在三角形和他一起盤點興趣能力價值觀，確實發現目前的工作大致上來說都滿符合他的特質，後來談到他的 Role Model，才終於發現真正的癥結點。

　　「你喜歡的角色和人物是誰？可以是人或不是人，演藝明星可以、動漫角色可以，親朋好友也可以。」

　　「我很喜歡演員劉德華。」

　　「我們果然是同個年代……阿不是，你喜歡他什麼部分？」

　　「我很欣賞他是一個很真誠的演員，比較少逢場作戲的感覺。」

　　「喔，你喜歡真誠，但是你所處的產業好像這種氛圍比較少？」

　　他很直接的說，他每天碰到的人，絕大多數都不太真誠，這正是讓他感到痛苦的原因。

諮詢師小經驗：通常這種不曉得問題出在哪裡、外在看起來都還不錯，現實層面照理來說也是成功順利，那真正的問題通常發生在心理層面，所以很不容易判斷和察覺。

「那可能要找找看有沒有真誠一點的團隊？」後來我們就往這個方向努力嘗試新的機會。

生涯彩虹圖（唐納 · 舒伯 Donald E.Super,1980）

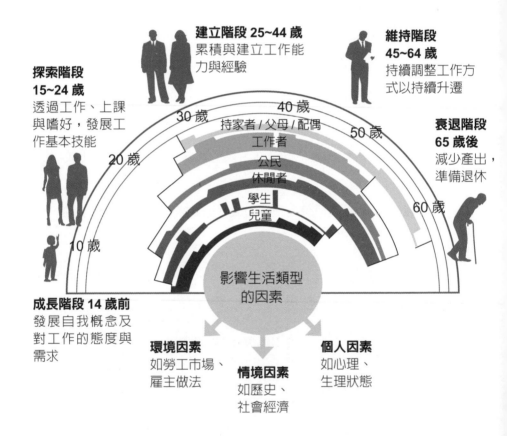

建立階段 25~44 歲
累積與建立工作能力與經驗

維持階段
45~64 歲
持續調整工作方式以持續升遷

探索階段
15~24 歲
透過工作、上課與嗜好，發展工作基本技能

衰退階段
65 歲後
減少產出，準備退休

40 歲
30 歲
持家者 / 父母 / 配偶
50 歲
工作者
20 歲
公民
休閒者
學生
60 歲
兒童

10 歲

影響生活類型的因素

成長階段 14 歲前
發展自我概念及對工作的態度與需求

環境因素
如勞工市場、雇主做法

情境因素
如歷史、社會經濟

個人因素
如心理、生理狀態

| 主人思維 |

人生觀：人生不是只有工作

人生不是只有工作，還有生命中的其他面向。

上個世紀職業生涯規劃大師舒伯（Donald E.Super）提出生涯彩虹圖，具體描畫出每個人的生涯發展歷程。（如上頁圖）

從時間來看，我們的角色大體上會從兒童、學生、社會公民、工作者、伴侶父母等不斷演進，從空間來看，我們在某些時間點可能都會同時扮演不同的生涯角色，比如說：剛入社會的新鮮人，除了是工作者，還有許多時間學習和進修，繼續扮演學生身分，也許也有另外一半的情感關係需要磨合、在家中則是為人子女的角色。

同時身兼四大角色，每個部分都是我們的人生。所以人生真的很難。

其中一個角色表現得好，就會正向帶動我們的生命意義感，但其中一個角色表現不好，也會連帶影響自己的整體感受。

甚至有的人從某些困難的角色中逃跑、非常投入其他角色，其實是為了逃避生命中一些棘手的議題。

比如說，有些人全心投入工作，很可能是為了逃離子女或父母的角色，變成一個缺席的小孩或爸媽。

當我們把時間和空間拉出來看，才會發現自己身上同時扮演的角色哪些滿足、哪些痛苦，哪些彼此衝突而爭搶資源、應該要為了下個階段做哪些調適和準備。

大多數的情況下，我們並沒有這樣的全局觀點，每個人每天都只有 24 小時、下班之後的心力也有限，每個角色都要面面俱到很不容易，需要有大量練習調整和他人協助，也需要聚焦和取捨。

此外，休閒生活的規劃安排，也是常需要提醒的部分。

我跟大家諮詢的時候，通常是大家工作最痛苦的時期。

工作已經很滿很累、下班後拖著疲憊的身體也沒有時間和心力，很多過去的興趣和喜好、未來想做的夢，全部都捨棄了。只剩下現在一天八小時、十小時的工作。

我會邀請他們重新開始接觸那些、單純喜歡的人事物。當我們重新找到自我和現在生活的連結，才會重新煥發生機，找到能量和動力。

曾經有一位朋友，從高中美術班之後，就再也沒有碰過畫畫。她明明非常喜歡、也很願意投入，但因為家人認為這條出路不好，在升大學的時候徹底轉換跑道，後來也逐漸遺忘了自己對畫畫的喜愛。

當我們在諮詢時討論到歷久不衰的熱情時，她又再次想起來這件事情，我跟她約定說：即使沒有要當作工作也沒關係，但這個是妳本來就喜歡的事情、享受的生活，一定要再次接觸畫畫。

諮詢過程中，她重新去上畫畫課，重新找回享受畫畫的感覺，從中獲得許多療癒。

還有另外一位夥伴熱愛音樂，以前還組過團，很喜歡一起在舞台上表演的快樂。但諮詢的當下，他已經因為工作繁忙的緣故，放棄這件事情很久了。我鼓勵他再次組團，現在經常可以看見他和朋友出團表演的快樂照片！

PART 2

內在三角形：
為興趣而工作？還是為熱情而工作？

01

熱情、天賦、價值觀，缺一不可

我如何透過內在三角形找到適合自己的工作？

每個我分享的思路或概念，80% 以上都有先在自己的生命中實踐和驗證，確定真的有效，才會推薦給大家。

我很不喜歡主觀或沒有經過驗證的東西，那些終究只是非常片面的經驗談，無法廣泛通用、無法在不同人的職涯當中複製，距離職場的真理非常遙遠。不能再現的方法，沒有什麼意義。

也跟大家分享過去怎麼樣透過內在三角形的架構，確認並切入職涯諮詢的工作。

確認熱情：喜好元素高度重疊、主動搜尋原文研究文獻

第一份在人力銀行的工作內容很多元，因為公司產品的關係，需要到學校跟老師分享工具使用，也有機會把職涯發展相關的心理測評應用到學生身上進行職涯諮詢。

在一邊諮詢的過程中，逐漸發現這個領域和自己的的高度契合：不論是職場發展、自我成長、心理諮商、天賦熱情、戰略思考、經營管理……，這些我很感興趣的議題、平常會關注的網路文章或購買的書籍，幾乎全部都會出現！彷彿把散亂的拼圖拼湊出完整的圖樣。這樣的發現讓我非常驚訝和振奮，沒想到自己以為很零散細碎的喜好，原來可以對應到一個具體完整的專業領域！

此外，為了尋找更精闢實用的理論、尋找是否還有更好的工具與方法，我會查閱國外論文，即使需要閱讀原文也不以為苦──這樣的行為是念研究所時期也不曾展現的高度熱情！之前念論文的時候並沒有那麼強烈的動機，主要是因為研究需要才瀏覽相關文獻。

確認天賦：快速掌握、高度敏感、靈活運用、不錯展現

確認熱情之後除了非常振奮，也開始認真評估自己在這方面是否擅長。

在自學和進修的過程中，察覺到自己很能吸收和理解這些文章或書籍的內容，大概看一下就能掌握作者想要表達的涵義和概念，並且能夠對應到實際工作、對應到特定來訪者的職涯問題──可以從學習中找到實務問題的答案，這帶給我非常大的動力，也更深入體會工商與生涯心理學知識的力量。

高度敏感，是對於職涯諮詢領域不同專業細節的掌握和分辨。

生命設計師、職涯諮詢師、獵頭、人資、職涯顧問……，興趣與熱情、能力與天賦、價值觀和職業錨、生涯心理學……，不同的身分角色、不同的知識概念，我都可以區辨其中的差異，並且向人細膩地解釋與說明。

這種掌握感和敏感度，讓我在分享相關領域內容時，會比起平常的自己更有自信。靈活應用，是觀察到自己和一些人的不同之後才發現的優勢。

通常入門階段的學習者都會比較照本宣科，先求理解再求使用。不過我在接觸這個領域的時候，滿早就能開始連結到應用情境，對於每個理論和工具的理解也有自己的一套架構，比較像是心中先有了一幅隱約的地圖，然後在學習過程中一步步把每個元素擺放進去。

這種經驗是在求學時代從未發生過的，也讓我更相信每個人獨特天賦的存在。

成果展現的部分，主要來自諮詢來訪者和專欄文章讀者。

我在撰寫文章的時候，總是想著 TA 是職涯迷惘的朋友，可能有哪些心路歷程、哪些困境瓶頸、哪些理論和工具可以協助他們的問題、可以有什麼實用的建議。經常收到大家的回饋，一步步累積對這個領域的自信。

確認價值觀：我覺得這件事情很有價值、很有意義

價值觀是一個人發自內心覺得重要且在乎的事。

高中開始，我就對自己的未來感到迷惘，這樣的困擾影響我十年左右的時間，所以我深深了解這件事情有多不容易，陷入迷惘的人會有多麼痛苦。

也因此，身為一位職涯諮詢師，能夠協助大家快一點點找到適合自己的方向、擁有更適合自己的發展，節省下來的每一分每一秒和心中減輕的痛苦，我都覺得非常有價值和意義。

這樣的感受成為做這些事情本身的內在驅動力——光是做這些事情本身，就可以帶給我很多力量。職業的發展和工作的報酬，只是第二順位隨之而來的結果。

投入之前，針對外在市場機會的觀察

除了運用內在三角形確認方向，當時也有特別評估市場機會。如果天賦熱情比較冷門、很難結合市場需求，那就會需要特別規劃商業模式，找到能夠營收的切入點。

幾年前台灣這塊領域還是荒漠，幾乎沒有人知道職涯諮詢師的工作，也很少有人投入這塊專業。雖然台灣的自費諮詢市場還不是那麼成熟，但需求確實是一直存在的。

考量到我剛好在這個領域具有高度的內在特質契合，長期發

展可以符合優勢方向累積、市場很新也代表空間很大，才正式決定跳進來做。

自我探索練習：運用周哈里窗了解自己的天賦熱情

了解自己的天賦熱情，需要多方面的觀察和統整。

有些部分只有我們自己知道、其他人不太清楚；但有些部分我們自己不太了解，其他人卻看得明明白白。

在職涯諮詢時，我會請來訪者收集資料，包含他對自己的觀察、他周遭親朋好友的觀察，以及諮詢師對於這些概念的背景知識與經驗，多方印證之後，挖掘出完整豐富的樣貌。

但如果直接問人，大家可能會回答不出來什麼具體的內容。

我會邀請來訪者先從「職游旅人」牌卡當中挑選比較感興趣的 15 張職業，透過討論和歸納統整進一步釐清木人的高階熱情關鍵字。

然後也請對方帶回去訪問身邊的親朋好友，收集身邊家人朋友的觀察和回饋：

	自己知道	自己不知道
他人知道	開放我	盲目我 （挖掘重點）
他人不知道	隱藏我	未知我

「這是我相對比較感興趣的職業選項，你覺得我比較喜歡做什麼事情？你覺得我比較擅長做什麼事情？你覺得我比較適合哪些職業？」

有參考點比較能夠順利地提取記憶、進行有效的回饋。

職游旅人牌卡玩法：尋找你的高階熱情關鍵字

1. 先將 100 種常見的職業分堆，分成喜歡、不喜歡兩堆，或是中間增加一個分類變成喜歡、中等、不喜歡三堆。（分堆的時候，不要考慮太多能力和收入等現實狀況，盡量以「做那件事情本身會有興趣」為主來挑選。）

2. 從喜歡的那堆牌卡當中，挑選前 15 張喜歡的職業。（不用滿 15 也沒關係。）

3. 分享喜歡每一個職業的原因，並且歸納出核心的關鍵字詞，這就是你的高階熱情關鍵字──你的內在動力來源。

4. 以上頁圖來說，我喜歡神職人員和心理師的理由很接近，都是助人、而且是偏向心理與精神層面的助人方式。所以雖然挑選了兩種職業，但背後隱含的元素是很接近的。

5. 通常我們都只是喜歡每個職業的其中一個片段，但如果把這些擺在一起統整起來歸納，就會發現有幾個主要的關鍵字是經常出現的，這些才是判斷適合我們方向的線索。

02

對一件事情要有多喜歡才能當成工作？

興趣不能當飯吃，但熱情可以

大家什麼時候會思考「興趣能不能當飯吃」這個問題呢？通常是認為：這個興趣好像沒什麼出路、養不活自己、會很窮⋯⋯才會猶豫不決吧！或者是因為不曉得自己想做什麼，就想要先從比較感興趣的事情開始。

諮詢了那麼多人之後，我發現了一個很簡單的判斷標準：你的喜歡，只是生活中的小調劑，還是會想要努力投入變強、認真以對的熱情？光是這個提問，就可以打醒很多人的天真爛漫了。

美國耶魯大學心理學協會的史坦伯格（Sternberg, R. J）教授，在他的愛情三角論提到：激情是開展一段關係的重要元素，但光有激情還不夠，長久的愛情還要包含承諾（Commitment），也就是有意識地堅持和投入。興趣和熱情的差別也像是如此。

用來自我放鬆和紓壓的興趣，不適合變成正式的主力職業路線。

很多人對追劇、寫作、唱歌跳舞、玩遊戲、研究大自然等很有興趣，但如果這個興趣必須不斷研究、提升水準，甚至要和績效與責任綁在一起，客戶對你有超多龜毛的要求，曾經的興趣就會變成壓力，再也無法帶來單純快樂的感受。如果只是這種程度、而你比較想要好好保有這份單純的快樂，建議在工作之餘的時間進行就好，可以當成業餘愛好、斜槓兼職，說不定也有機會獲得意外的合作機會，但請先不要當成主力職業。

變成工作還能喜歡，才是真愛。

但有些事情是你就算辛苦也還是樂在其中的，這種事情就很值得繼續下去。

「是否喜歡到願意投入心力鑽研？」是很重要的判斷準則。

刻意練習 (deliberate practice) 是能否把一個技能發展成專家等級的關鍵，而在職場當中，你的技能有辦法做到專業水準，才能夠持續透過這個技能換取報酬。

在我個人的分類中，熱情是興趣的高階概念。兩者最大的差異就是：「我們可以為了熱情承受許多痛苦，但興趣無法。」

以電競選手來說，喜歡打電動不是這個領域的全部，選手們為了精進自己的技術和表現，需要花非常多時間研究戰術、搭配演練，甚至到了手腕肩膀有些職業傷害的地步，能夠付出這樣的條件，才是興趣職業化的關鍵步驟。

熱情與興趣的雞蛋理論：熱情是蛋黃，興趣是蛋白

在某一個領域疊加了多重興趣，就有可能到達熱情的水準。

後來我自己歸納出一個熱情與興趣的雞蛋理論。熱情就像蛋黃，興趣就像蛋白，我們對很多事情有興趣，但這些興趣背後的高階共通因素，才是真正的核心、指向我們長遠熱情的所在。

我們對於熱情領域有強烈的喜愛，也因此延伸出對於周邊相關領域的興趣。

舉例來說：我以前就知道自己喜歡心理學、職場發展、天賦熱情、人力資源等概念，後來進入職涯諮詢領域，發現職涯諮詢領域當中，幾乎我喜歡的全部元素都出現了！

當時我才體會到：在這些興趣背後更吸引我的東西，原來就是我的熱情所在，只是我之前不曉得這些可以匯聚在一個特定的職業領域裡。

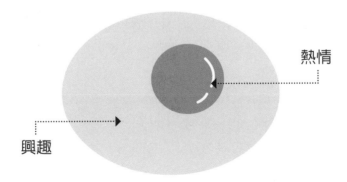

因此我也常跟來訪者探討，興趣背後的真正原因。

有一次我用自己研發的「職游旅人」牌卡進行諮詢時，有個應屆畢業生挑選了化學工程師、獸醫、醫師、動物飼養員等牌卡，他把這些歸成同一類，並說出他從小對動物的熱情和相關故事。

在敘說的過程中，我們發現他有一個非常核心的熱情元素：動物。於是我們就以這個主題為核心，納入他未來的職涯發展進行討論。

最理想的狀態，是熱情同時結合擅長的天賦

基本上這是一個殘酷的問題。

愛好沒有相對應的能力可以實現，就可能需要朝向不同的角色發展。好比說：有些人很喜歡演藝圈，但本身的條件或才藝可能無法支撐這個夢想，就可能考慮比如演藝經紀人的路線發展。

我有個學弟，從小對機械很有興趣，個性也是工程師特質，但不曉得為什麼數理超爛……在國高中時期就知道自己無法走這條路。

為了幫他找到其他適合的方向真的煞費苦心，後來我們盤點到數據分析的工作，才找到一條光明大道。

｜主人思維｜

熱情很冷門怎麼辦？
思考可行的商業模式，是能打破收入瓶頸的關鍵

任何技能發展到專家等級，我認為都是很具價值、很有機會變現的。即使看起來有點冷門，如果找到適合的商業模式，也有機會轉換成收入。

不曉得大家有沒有聽過魚君[5]？

他是一個非常喜歡研究魚類的日本人，雖然只有高中學歷，但他熱愛魚類並投入非常多時間鑽研，擅長畫出各種魚類的模樣，後來被邀約上節目，開始在各大節目分享魚類知識，甚至發現原本已經被認為絕種的魚類、榮獲天皇的肯定，也被東京海洋大學聘為客座教授。

藉由一個鑽研到極致的熱情開始，在意想不到的地方打開知名度，發展出截然不同的職業生涯。

興趣可不可以培養？

有些人說興趣是可以培養的，我發現這類興趣通常跟成就感有所關連。

大家在討論職業價值觀的時候，都會提到成就感的重要性。

註 5：https://www.toy-people.com/?p=35587

在做某些事情的時候，如果逐漸勝任、特別擅長、做出名聲、被大家重視和需要，因而滿足了內在需求，我也相信這樣的情況下，會累積出興趣甚至熱情。

因為有時候我們不一定是喜歡那事物本身，而是喜歡伴隨那個事物而來的其他東西。

但如果在諮詢的當下，我一定會請大家盡量分開這兩者，因為社會認可、收入等等東西，有很多方法可以實現，不一定要透過工作。

03
六大職業興趣解析 I.

心理學家教你用個性預測適合自己的職業方向

我們每個人在面對人生困境的時候，有個很棒的提醒是：我們都不是獨自一人面對人生的難。

在大部分的情況下，我們並不是世界上唯一一個面對類似狀況的人，也不是人類歷史首次面對這個問題的人。我們對遭遇的困難關卡、不斷思考求索的答案，無論是職涯、感情、家庭、人際關係、健康等，都有許多人經歷過，並且提出了思路和回應。

我學習職涯心理學的時候，發現心理學家的智慧可以解開很多人的職涯疑惑、非常實用，所以學習起來非常振奮。

透過這篇文章，跟大家分享一個心理學家的智慧結晶：John Holland 博士的職業興趣理論 [6]。

我們職涯諮詢師在協助一個人探索適合他的工作方向時，職業興趣分析是非常重要的基礎，在各大專院校也廣為人知，UCAN 測驗就是以此為基礎開發的工具。

如果能夠仔細了解這個架構、借鑒前人的大腦，你也可以幫自己省下數十小時、甚至幾百小時的探索時間，快速預測適合自己的職業以及公司文化。

　　在正式介紹之前，先透過六道簡單的心理測驗題目，體驗看看自己的性格分析吧！

註6：性格-工作匹配理論（Personality-Job Fit Theory）是一個由美國約翰·霍普金斯大學心理學教授約翰·霍蘭德（John Holland）於 1959 年提出的職業興趣理論。這個理論認為，個人性格各異，性格類型、興趣與職業都有密切關係，興趣是人們活動的巨大動力，凡是具有職業興趣的職業，都可以提高人們的積極性，促使人們積極愉快地從事該職業，且職業興趣與性格特質之間存在很高的相關性。而當個人的性格特質與其工作特性具有高度一致性時，對於其工作將有更佳的表現。在一般職業招聘與甄選的過程中，常使用許多工具與進行種種測試，例如應徵表格、人格測驗或面談，其實都是組織尋找人格與工作適配員工的手段。（引用自維基百科）

　　　　　　　　　　　　　　　| 主人思維 |

看以下描述，選出與自己個性較相似的英文代碼

S	你的個性友善、包容力強，經常傾聽並幫助他人，喜歡教導別人成長、照顧人他人，重視人的感受和團隊凝聚力。	
A	你容易在心中產生想像，受到新奇或獨到的觀點或事物吸引，喜歡特定領域的美或藝術，追求變化並展現自己的獨特。	
I	你經常觀察、思考和分析，喜歡了解知識和理論，重視邏輯和解決問題，喜歡和相同興趣或專業的人深度交流討論。	
R	你重視直接嘗試、立即行動和累積經驗，喜歡動手操作、運動或戶外活動。抽象概念對你來說很空泛，對實體物品比較有感覺。	
E	你通常工作忙碌、樂於冒險和競爭，喜歡商業與領導決策，追求社會認同，重視聲望和地位，能夠說服或影響他人。	
C	你的個性仔細謹慎、不喜歡臨時變動，重視精準與正確，喜歡清楚的規範和 SOP，做事按照規劃一步一步完成，令人感到可靠。	

選好了嗎？接下來跟大家分享六大性格解析，以及應用時的注意事項。（本書最後附有牌卡，可撕下運用。）

助人者 S

- 性格描述：重視人際關係，對人敏感、待人真誠、關懷並支持他人、會把人放在心上、有同理心，關注焦點在人以及人的需求，重視善良與道德。

- 工作偏好與回饋：喜歡與人互動、協助他人解決問題、獲得助人之後的回饋、主管同事關係

- 關鍵字：樂於助人、教導、激勵、諮詢、服務、覺察他人需求

- 典型職業：教師、輔導、社工、醫護、宗教、公關

創造者 A

- 性格描述：富創造力、感性豐沛、直覺力強、有想像力，重視表達自我。對於視覺、聲音、文字或情感敏銳，能夠獨立工作，理想主義。

- 工作偏好與回饋：創造與創新、設計、表達與展現、自由彈性、有趣、變化、美感體驗

- 關鍵字：複雜、原創、獨立、表現、創意

- 典型職業：藝術家、音樂家、演員、各類設計師、作家

影響者 E

- 性格描述：精力充沛、熱情、積極、自信、主導、具有政治手腕。能自我鞭策，藉由處理人際與管理專案的能力達成工作目標。享受金權、權力和地位，願意承擔風險。

- 工作偏好與回饋：與人互動、成就感（來源很多：助人、升遷、收入、簽單、獲勝、創新……）

- 關鍵字：企圖心、善社交、成就感、存在感

- 典型能力：領導、管理、組織、說服、影響

- 典型職業：業務銷售、行銷企畫、經營管理路線、司法政治

組織者 C

- 性格描述：井然有序、沈靜、謹慎、精確、負責、實際、條理。強烈需要安全感與確定性。做事喜歡提前準備，有始有終，注重細節，遵循慣例。樂於完成別人所發動的事情，不喜歡自己擁有權力與地位。

- 工作偏好與回饋：處理資料與事物、藉由自己的努力讓整體順利進行

- 關鍵字：遵守規則、節制

- 典型能力：安排次序、注重細節、偵查糾正、清單與 SOP、

建立流程制度

- 典型職業：祕書特助、財務金融風管會計、行政主任、編輯、公家機關、品管品保

思考者 I

- 性格描述：經常活在「自己的想法世界裡」。不受成規束縛、獨立思考、洞察力、邏輯。喜歡透過閱讀與討論觀念、研究複雜與抽象的內容。處理問題時，會先收集資料、分析情況，才做出決策。

- 工作偏好與回饋：處理事物與觀念，喜歡有自由的空間及機會滿足自己天生的好奇心

- 關鍵字：分析、知性、懷疑、獨立、學者

- 典型職業：科研人員、教師、軟體／工程師、醫生、學術研究、人文學科

實踐者 R

- 性格描述：喜歡親自嘗試和體驗、動手修理與製造事物。透過行動和實踐達到成就，而不是透過言語。獨立、實用、強健、肢體協調、幹勁、吃苦耐勞。喜歡處理具體問題，不喜歡抽象問題。

- 工作偏好和回饋：處理事物、可以看到自己工作的實體成果。

- 關鍵字：行動派、直接、實際、專注、手巧、機械才能、堅決

- 典型能力：操作工具、機械或手工藝、運動活動、處理突發事件

- 典型職業：機械／工程、工匠、廚師、農林漁牧人員、健身瑜珈教練

　　六大職業性格其實每個人都會有，只是優勢和劣勢的差別。初步了解架構之後，接下來會用獨立一篇內容進行深入的應用說明。

04

六大職業興趣解析 II.

不被測驗綁架，選職業須清明覺察自己

上一篇跟大家初步分享了六大職業興趣路線，實際上運用在自己的職涯方向上時，補充五點需要注意的地方。

一、運用六大性格排列進行完整評估，不要只看相對高分、低分也很重要

其實每個人都有這六大性格，只是強弱程度的差別。

傳統使用這個理論的人，只會看前三高分的內容，但藉由大量的實務經驗總結，我認為優勢性格和劣勢性格都有很重要的參考價值。

你喜歡的、不喜歡的，同時都很關鍵。絕對不是用刪去法就能找到自己喜歡的東西，頂多就是找到沒那麼討厭的選項而已。

我自己在諮詢使用時，會邀請對方把這六大類型分成三個等級。

以我自己為例：

1. 相似自己：S、I、A
2. 一半一半：E、C
3. 不像自己：R

六大性格不用平均分配到三個等級，如果都覺得很像，那就是全部都歸類在那個等級即可。

最後再比對工作中的狀況跟來訪者進行討論，比如：

優勢性格 S 的人非常注重道德，要特別挑選良心產品、公司和團隊。在乎他人的同時，是否也過度受到他人影響？

C 性格在工作中發揮的情況如何？是否在工作中遇到模糊情境會特別感到壓力和混亂、無所適從而挫折？

R 性格較弱勢表示行動力和衝勁較低，不適合需要大量開發的業務角色。

諸如此類都是可以圍繞性格延伸討論的面向。

二、測驗的目標是了解自己之後做出更清明的選擇，
　　而不是侷限人生

　　一定要提醒的重點是：有非常多人在解釋測驗的時候，「過度套用分類」進行判斷，導致被測驗結果綁架和框限，產生各種疑惑：

　　「我是 S 型，可是現在少子化老師職缺很少，可以找其他工作嗎？」

　　「我得分最高是 R 型，是不是我做這個會最滿意、還是成就最好？」

　　「我的 E 型分數不高，這樣是不是不適合當主管？」

　　我很喜歡「完形諮商」中提到的「清明地覺察」。心理測驗的目的原本是讓大家更了解自己，卻在很多人錯誤運用和解釋的過程中，反而局限了大家的方向選擇，帶來更大的困擾。

　　後來大家慢慢發現「過度套用分類」容易帶來的危害，所以近期的生涯諮商領域已經逐漸拋棄傳統 OO 型的取名，讓大家不要用把人簡化歸類、貼上標籤的思維看待一個人，而是逐漸採用 XX 者的方式命名，鼓勵用角色來描述一個人。從命名的方式開始轉變，是希望讓大家可以進一步看見：假設一個人的「助人者 S」性格很強烈，他不會只有在工作中希望協助他人，而是在他的人生舞台當中，下班後也是喜歡助人的夥伴。

　　　　　　　　　　　　　　　｜主人思維｜

從單純把興趣歸類、把人分類的模式，擴大到對他生命角色的形容，以及整個生涯的風格詮釋。

三、不一定要很相似才適合自己選擇，
歸類在中等程度以上的性格，都是可以評估的選項

現實中的職業選擇非常複雜，絕對不是只有考量興趣喜好，自己的學歷背景、轉換領域的時間金錢成本、職業發展趨勢和待遇等，都是我們會列入考量的影響因素。

職業是一個宏觀多方面評估後的謹慎決定，不是「今天中午吃什麼？」這樣的選擇題。

我也有滿多朋友考量收入而入行軟體工程師，雖然不是非常熱愛那樣的工作，但整體的工作狀態和薪資回報還是比較滿意的。

鼓勵你放棄一切追逐夢想的，還不是因為他不用負責你的人生，所以站著說話不腰疼。

四、理論要靈活運用，
重點是你目前的工作內容和性格優劣勢的契合比例

再次以我自己為例：

相似自己：S、I、A

一半一半：E、C
不像自己：R

　　這樣的分布意思是說：如果我在工作中有很多面向是助人諮詢、思考研究、創新設計，這些項目佔大宗，以性格來說是很如魚得水的。但如果工作需要我大量行動，我就會非常痛苦難以適應。

　　那如果你的職業接觸不到助人諮詢該怎麼辦呢？「助人者S」喜歡的事情還包含：教育訓練、照顧培養。所以可以在工作上爭取協辦教育訓練、擔任內部講師、幫忙照顧新人，都很能夠發揮你的性格優勢。其他深入運用的部分，大概就是職涯諮詢師才需要掌握的深度了。

　　提供一個表格給大家參考：（以我的性格優劣搭配工作上的創業角色舉例）

職業興趣分類	和我相似程度	工作所佔比例	是否需要調整
助人者S	相似 ★★★	高 ★★★	
創造者A	相似 ★★★	高 ★★★	
影響者E	一半 ★★	高 ★★★	需要
組織者C	一半 ★★	高 ★★★	需要
思考者I	相似 ★★★	高 ★★★	
實踐者R	不像 ★	中 ★★	

　　我原始的「影響者E」性格不是太過強烈，所以為了發揮影響力，和許多具有高度影響力的夥伴一起協作。

　　　　　　　　　　　　　　　｜主人思維｜

也不是那麼喜歡組織者性格相關的工作項目，因而邀請一些夥伴協助相關事情。

五、倆倆組合的職業走向

　　每個人相似自己的性格類型通常不只一種，常見的是兩三種同時相似、少數四五種相似的可以視為興趣廣泛類型。

　　根據過去心理學論文研究的數據統計，以及我個人實務上的觀察，跟大家分享這些兩兩組合相似的人，通常會考量哪些職業路線：

SA　教師、輔導、諮商、社工

SI　人類學、社會學、心理學、醫療、教育

SE　和人互動、業務、人資

SC　助理、人資、公務人員、秘書、後勤支援

IR　學術研究、硬體工程師

IA　創新思維、設計

IC　數據分析、軟體工程師

EC　商管工作：行銷、業務、管理等

EI　產業分析、策略研究

EA　大眾傳播、媒體主播

ER　生產管理、開發類型業務

AE　各類設計師

AR　藝術創作者

AC　網站企劃、室內設計、雜誌編輯等

CR　規劃執行

SR　運動教練、服務業

　　上面這些組合我已經全部都滾瓜爛熟了，背誦這些資料，對諮詢師來說非常好用，只要看見對方性格優勢有哪些，通常就能夠稍微預測他感興趣的職業領域。

　　如果是個人應用，可以針對中等和相似程度以上的性格排列組合，作為職業方向的初步大方向盤點。比如說，如果你的 S、I、A 都是相似等級，這樣的話 SI、SA、IA 等兩兩組合的領域都是可以列為參考。

05

天賦的五大線索

快速學習與卓越展現、進入心流、敏銳度與細節掌握和自信感、
創造性的靈活應用、獲得他人肯定

熱情是興趣的高階版本，天賦是能力的高階版本

到底有沒有天賦存在？

學生時代我對天賦的概念非常嚮往，卻又無法踏實感受到，
當時我大部分科目的學習狀況都差不多，不過物理特別爛。

物理爛到完全聽不懂，台上老師從頭到尾講的內容我都無法
吸收，補習花了很多時間也只能搶救在及格邊緣，更可怕的是，
成績出來通常也不知道自己對在哪裡錯在哪裡……，度過非常可
怕的高中時期。

國文成績雖然很好，距離要真的去念中文系還是有些落差，
也沒有想把職業作家當成目標。如此度過了非常迷茫的選擇科系
時期。

一直到接觸職業生涯諮詢的時候，狀況大幅轉變。

剛開始接觸這方面內容的時候，就發現自己很能夠了解這個領域的知識。看過之後就很容易知道這個理論要說什麼、這個工具怎麼用，知道如何運用在實際場域，甚至還能舉一反三，有自己獨特的觀點。

因此我非常確信自己在這個方面是有天賦的。

天賦分為專業領域屬性的能力天賦（職涯諮詢、心理諮商、人力資源等等），還有通用屬性的能力天賦（人際、表達、思考等等）。

有天賦的能力，會比沒有天賦的能力更容易培養，在市場中也會更有競爭力。不過很妙的是，我們經常會忽略自己的天賦線索，認為那些是很自然簡單的事情。

因為我們很擅長、自然而然就能做到，所以也覺得大家應該都能做到吧，沒什麼特別了不起的。但其實不然。很多時候對一個人來說輕鬆容易的事情，對另一個人來說有如登天之難。

我和一個好朋友的特長就差異很大：

他擅長「行動」，先做了再說，一邊嘗試驗證，也不太害怕犯錯；但我剛好相反，我擅長「思考」，希望有計畫之後再實踐，不想出錯。

習慣先行動，就是他的強項、我的弱項；習慣先思考，就是我的強項、他的弱項。

有些天賦，可能隱藏在我們遭遇的痛苦中

什麼意思呢？

我們越有天賦的領域、越重視的領域，通常越敏銳、感受力越強。

對於藝術非常講究的朋友，看到醜陋的設計就會難以忍受。有些人對於他人的情緒非常敏感，甚至想要迴避人群，我也是如此。因為太容易感染情緒，於是迴避了心理師的路線。對他人情緒太敏感的朋友則是說，他下班之後只想躲在家裡一個人獨處。

我們以為這些痛苦是詛咒、是我們的問題，但也許正是因為我們有天賦、特別敏銳，所以明明經歷一樣的事件、看見一樣的事物，我們就是比別人反應更強、比別人難以忍受。

關於天賦的五大線索

到底該怎麼挖掘自己的天賦線索？

以下是整理自上百篇書籍和文章後的摘要內容，也是在諮詢師會跟來訪者分享的內容，跟大家具體分享：

一、快速學習、卓越展現：
相對自己和相對他人學得更快、做得更好

相對自己接觸其他領域，在天賦領域的學習速度和成果展

關於天賦的五大線索

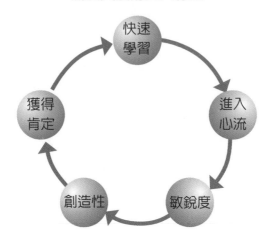

現更好;相對他人接觸相同領域,我們在天賦領域的學習速度和成果展現更好。什麼是更好?一樣的時間,更快速上手;一樣的努力,更好的成果。

前面有提到我發現自己在職涯領域的天賦,是因為在這個領域的學習反應,比起其他領域更快更好。相對他人的學習速度和成果展現,則是在接受一些培訓的過程中發現的。

在同樣的進修現場當中,察覺自己相對上的優勢。相對自己和他人的快速學習、卓越展現,是很清晰的線索。

二、進入心流:沉浸其中感受不到時間流逝

「我可以花很多時間整理思緒,並且揣摩如何可以表達得更

　　　　　　　　　　　　　　　　　　｜主人思維｜

精準。」我的心流最常發生準備簡報和文字創作的時候。

新鮮人時期經常要做簡報，當時就發現自己很願意花時間專注整理資訊、設計簡報的邏輯串聯和前後編排。

重點並非放在美感，而是放在「怎麼呈現才能講出一個邏輯通順的故事」。

面對文字創作，不論是 FB 動態、Line 消息，到正式的部落格文章，總是會字斟句酌、反覆思考精準的用字遣詞，不知不覺時間就過了很久。

容易進入心流，也是天賦展現的靈光時刻。

三、敏銳度與細節掌握、自信感

你可能平常不是一個很有自信的人，但是談到特定領域的內容，就會變得很能把握，對於差異十分敏銳、細部環節也能好好處理。

天賦的敏銳度，讓我在接觸《做自己的生命設計師》的時候，可以快速辨別出這本書的內容，比較適合職涯沒有太大問題的人。

方法偏向實驗性質的觀察和發想，想要多增添一些生命火花的朋友很適合。 然而，有些人很需要比較具體的方向探索、有些人需要深度的心理支持，有些人則是需要提高求職技巧和職場發展實務策略，這樣的情況就會不太適用。

四、創造性的靈活應用

　　針對正在學習的領域，你是否能夠有舉一反三的能力和獨到的見解？創造可以說是高度掌握的代表與象徵。

　　我在學習職涯諮詢的過程中，相較大家通常比較照本宣科的應用理論和工具，會有自己理解後歸納整理出來的一套思考邏輯和應用方法，超越原本講述的案例範圍，把這些東西擺放在適合的位置裡。

　　舉例來說，會把生命設計師的技術放在偏行動面向的解決方案、把職業錨理論融合工作價值觀理論一起使用，用自己獨創的使用方式協助來訪者。

五、獲得他人肯定

　　你在做哪些事情時，特別容易獲得其他人的讚美和肯定？通常就是你的天賦所在。

　　我曾經在臉書上進行過一個有趣的生涯活動，當時在動態發起一個提問說：

　　「如果你能夠買下我的一個能力，你會想購買哪個能力？你願意花多少錢購買？」

　　大家非常熱烈的回應：「資料搜尋整理能力」（第一次發現原來這是我的天賦！）、「清晰的口語表達和論述能力」、「寫文章很有共鳴和啟發」。

自己擅長的東西容易習以為常，但從其他人的角度來看一目
了然。

熱情和天賦可以帶來複利效應

熱情和天賦，是在興趣和能力之上的高階概念。

如果要規劃長遠的職涯發展、幾十年的職業生涯，在基礎的
生涯金三角之上，進一步掌握熱情和天賦的元素，思考這些元素
如何融入在自己的生活和職業當中，會是長期來說最有投資報酬
率的領域。

熱情和天賦，是我們樂在其中、天生擅長的事情，如果持續
投資，就可以獲得複利收益，如同年利率 1% 和年利率 5% 的差
異，短期來看差距不大、但長期來看就會有天壤之別。

職涯是一場馬拉松、是長期戰，採取長期主義的人才會獲勝
到最後。

06

真正重要的事物，用眼睛是看不見的

用職業錨的八種分類，
選擇你的未來職涯路徑

有些人的迷惘，是從零開始不曉得該從哪邊探索和著手嘗試。有些人的迷惘，是目前有幾個選項，但不曉得該如何做決定。每個選擇都有優缺點、每個選擇都無法面面俱到、完美無瑕：

「考公務員工作穩定薪優有保障，但可能重複性工作多、制度僵固難改。」

「創業很有價值，但風險大、初期薪水不穩定、可能也難兼顧生活品質。」這時候即使聽了再多人的意見，很有可能只是讓自己更加混亂而已，因為每個建議都有點道理。

如果必須取捨，你知道怎麼樣的選擇會讓自己更滿意嗎？

美國麻省理工大學史隆管理學院（MIT Sloan School of Management）的施恩（Edgar Henry Schein）教授，花了 12 年間，追蹤學院的 44 名 MBA 學生畢業之後的職業發展，提出了非

常重要而且實用的職業錨理論（Career Anchor Theory）。

他發現：每個人在工作中累積的切身經驗，藉由多方面不斷反思和評估自己的才幹、動機和需求，逐漸整合並選擇比較想要的職業發展定位。根據目前最新的研究成果，跟大家分享八種主要的職涯發展路徑。大家可以一邊閱讀，一邊評估自己比較相似哪些類型。（這邊類型的翻譯是我自己考量華人語文情境之後的意譯版本，比較方便大家理解。）

類型	基礎描述	工作建議
技術職能	這樣的人可能發現自己對於特定領域的東西很有熱忱、並展現出才能，但對於其他領域的內容就興趣缺缺、也不太擅長。他們追求在專業領域的成功，成為這個產業同行認可的專家大師。	在工作中，你非常重視自己的才能否在職位中實現。你需要持續面對專業上的挑戰，一旦工作項目無法讓自己提升專業能力就會感到厭倦。 當你在尋找工作機會時，需要留意是否能夠發展你想提升的專業，也希望身邊會是尊重專業的夥伴和環境。

類型	基礎描述	工作建議
高階管理	通常專業對這樣的人來說只要初步了解即可，他們想要追求的是快速升遷、管理大幅度的人員和預算，成為組織的核心決策角色。把自己的職涯成功和公司綁在一起。	如果要升遷成為管理階層，首先要研究目標公司是否還有足夠的晉升空間、或是自己比較擅長的升遷規則（靠實力或靠關係等等）。通常新建立的部門、新創公司等變動中的組織，比較有機會升遷。 此外，提早培養領導和管理能力，也是順利晉升的重要基礎。
獨立自主	這樣的人認為，組織可以提出目標，但後續希望事情可以按照他們的步調和方式完成，十分重視並追求自由、充分施展個人能力，擺脫外在環境的限制。 未來有可能脫離企業，成為自由工作者或組建小團隊。	還在組織裡面工作時，要留意企業文化和主管風格。通常比較喜歡彈性且人性的風格、不喜歡過度官僚和階級主義。 直屬主管一定要是授權而不能緊迫盯人，否則差不多會立刻辭職。如果要發展成自由工作者，先確保專業累積和自我管理能力會是關鍵。

| 主人思維 |

類型	基礎描述	工作建議
安全穩定	這樣的人希望工作內容和未來發展都是可以預測並掌握的，重視安全感。不喜歡太多變動和預料之外，對於重複性高的工作較能接受。	通常比較喜歡穩定可靠的大公司或政府機關，期待長期雇傭和退休保障。認為新創或自行創業等選項風險太高。 只要是獎勵穩定和忠誠度的職位和公司，都會是不錯的環境。
創造企業	這樣的人經常覺得自己總有一天會創業，只是不曉得會在什麼時候。平常就持續關注創業議題，希望擁有或創造一個屬於自己的東西。	以創業為終點的職涯規劃，和一般上班族的路徑可以非常不同。你是否想好未來想要創業的主題，並且先行取得相關技術或產業的經驗？你知不知道自己的優劣勢和適合扮演的角色，並且了解自己還需要找怎麼樣的夥伴？特別需要以終為始的思考和布局。

類型	基礎描述	工作建議
服務他人	這樣的人希望他從事的工作本身可以協助到一些人、讓世界變得更好。直接助人的領域比如教育、醫療；間接一點的比如推廣社會福利政策、研發疫苗等。回饋社會的理念性高。	在挑選公司和團隊的時候要特別留意。因為這樣的人非常重視助人理念和道德標準，如果所在的公司販賣很爛的產品和服務、或是公司完全不管客戶和員工死活，本人就會在精神上感到非常痛苦。反過來說，如果所在的團隊和公司裡面非常契合，就能產生很大的火花。 以他人為導向的你，可以思考自己通常對於怎麼樣的議題和族群比較關注，然後自己可以在當中扮演怎麼樣的角色。以我為例，我對於職涯議題和迷惘族群特別有感覺，並且以諮詢師的身分協助大家。

類型	基礎描述	工作建議
挑戰刺激	對這樣的人來說，人生就是一場戰鬥或比賽。他們把成功定義為：客服部可能的障礙、解決難題，或是擊敗對手。 通常出現在職業運動員、超級業務、高階管理者或時常外派出差的工作者族群。	對你來說，工作要有難度、很刺激，一旦穩定或上手就會感到無聊。喜歡在工作中承擔艱鉅的任務和高強度的挑戰。 尋找工作的話，首要思考的是這份機會能不能挑戰自我？適合開創局面或打破瓶頸，但後續守成可能需要有其他夥伴協助。 心理學家發現這樣的人職涯發展容易大幅轉換跑道從零開始。如果能夠繼承過去經驗發展，也會是很有利的做法。
生活平衡	對於這樣的人來說，人生不是只有工作，還有家庭、人際關係、休閒生活等面向，不會把工作擺在最優先順位。根據我的講課統計，和獨立自主一起，並列新世代最想追求的路線。	多年來的諮詢經驗，追求生活平衡類型的朋友大概可以分為兩種：切割和整合。切割，指的是希望工作可以準時下班、不會打擾休息時間，可以在下班後去做各種事情就好。整合，指的是工作和生活的結合，希望把喜歡的事情變成工作、讓工作變成自己喜歡的生活。需要比較多的探索和嘗試，甚至要自行發展適合自己的模式，我自己就是這個類型。

了解這八種類型之後，不妨問問看自己：

「如果只能選擇其中三種，你會怎麼選擇？」

原始的理論認為只能追求一種，不過實務上我在應用時，通常會讓大家挑選多一點，比較能看得出來想要發展的路線。

如果是我來挑選的話，會想要選到四種，畢竟每種看起來都很好、也是大家因此困擾的地方。但人的時間心力和資源有限，目標太多、最後反而什麼都達不到。聚焦和取捨，才是可以實現關鍵目標的根本之道。

經過一番取捨，我的最終選擇是技術職能、獨立自主和生活平衡。完全就是「用特定專業提供服務的自由工作者」可以滿足的目標。加上排序在後的服務他人、以及自己默默加入的收入報酬，成為職涯發展的主力方向。

PART 3

關於人們追求的「外在三角形」

職位、公司、產業,三個尖端該如何選?

01

高薪和喜歡，我兩個都要

該怎麼把喜歡的事做到能賺錢？

「你會選擇高薪但不喜歡的工作、還是低薪但很喜歡的工作？」每次演講的時候都很喜歡問大家這個問題。

有的人重視「高薪」、有的人重視「喜歡」，不同場次的組成都不太一樣。例如學生族群根據興趣選擇的比例很高、出了社會之後就有所下降；人文背景的朋友重視感受和愛好，理工背景的朋友就很容易先討論薪資。但這些也只是一種平均趨勢，每個人在其中還是有個別差異。

但接下來，就會追問大家：「有沒有人兩種都不想要，希望有第三選項？」有的人說：先做高薪的事情、再去做喜歡的事情。有的人說：希望不要太低薪、但也不能太討厭。也有的人說：想要既高薪又喜歡。

為什麼會強迫大家二選一？其實是想挑戰一個職涯選擇的盲點：你常常落入二選一的痛苦抉擇，還是你總是能夠想出第三條

路？

職涯是可以被創造出來的，就跟我們的人生一樣。現在只能選擇一個，不代表以後也還是一樣的命運。

藉由創業，「有意義的工作」、「朋友般的夥伴」、「更好的發展和收入」，就像健達出奇蛋一樣，三個願望一次滿足了！

如果你問我前面的二選一會怎麼選，那我會說：「當然是想要高薪又喜歡。」但這個目標是有先後順序和策略規劃的。

確定好往職涯諮詢師的工作發展之後，面對自由工作者、新興職業和自費市場尚未成熟的三大困境夾擊之下，決定先處理生存問題，再逐漸轉往長期價值的經營累積。

生存危機是一定要先處理的議題。

自由工作者初期最擔心的就是案源問題，在正職第三年期間，我的關鍵目標就是要找到足夠的合作案源，讓自己的生計穩定、不會斷炊。於是做了兩件事情：**建立聲量曝光、陌生開發合作。**

必須要累積足夠的籌碼和資歷，比較容易和陌生團隊建立合作。我把當時在部落格累積的十幾篇職涯發展文章存稿，投稿到知名媒體，擁有了自己的專欄，從此之後也不再需要投稿，就會有來自各方的邀約。

再來，初步累積一些專業聲量之後，在網路上大量搜尋耕耘職涯議題的團隊（這個領域很新、沒有太多人做），透過個人履

歷簡介和文章作品，主動詢問是否有合作機會。

會選擇和相關團隊合作是因為我自己的個性比較喜歡低調、不太喜歡大量露面和曝光行銷、也很喜歡和人協作，權衡之下評估這是比較適合的作法。

當然不會每個洽談都很順利，有的也無疾而終。失敗了就摸摸鼻子拍拍屁股繼續努力。老實說並不害怕被拒絕，因為更重要的目標是能養活自己。

最後順利加入一個非營利組織、一間管理顧問公司、一個心理師團隊，和原公司也談成了外包（把原來工作的項目變成外包合作），加上自己的聯絡管道，即使沒有大量曝光和廣告投放，五個案源也讓我不太擔心收入問題。

結果也如預期，自由工作第一年就幫自己年度加薪了 40%，都做自己感興趣的事情、獨立自主、收入增加，完全就是理想中的職涯型態。

解決生存危機之後，接下來思考的就是如何提升自己的市場價值。提升市場價值之後，抽象的價值轉換成實質的收入增加，只是水到渠成的事情。

自由工作第一年，兩份工作經驗讓我印象非常深刻。

考量到自由工作的不穩定性，初期接下非常多合作。當時非常感謝學長姊的信任和邀請，得以在兩間學校教書、擔任兼任講師。我很喜歡教學、很喜歡學 生，對過去在一些僵化的體制中無

聊的課程活動反感，於是引進**翻轉**教室、同儕教學、實務體驗等等環節，期末考試則是開書簡答，完全不要求大家死記硬背，學生們也都很喜歡我的教學，一切都很美好。

一直到我在復盤自己的成本投入和實質收入時，深深感到投入與付出不成比例。

我每周都要準備課程、先和小組同學討論課堂活動、設計給分制度和批改作業、來回桃園將近三個小時的路程，但每個小時的鐘點費用只有 670 元，一場演講的鐘點費用就可以抵好幾周的實體上課。

「這樣下去不是辦法，雖然喜歡上課但是大幅影響我的收入成長。」忍痛拒絕後續學校老師的邀約，並開始思考破局之法。

「用一樣的專業技能，要轉換到怎麼樣的市場族群、拿來解決怎麼樣的商業問題，可以突破收入瓶頸、創造更高的市場價值？」這個思考就是關鍵中的關鍵。

有些人會為了轉換到更好的職業而學習新技能，是一種很直接的選擇，但如果你跟我一樣、已經知道自己就是喜歡和擅長這些事情，又希望職涯可以不斷累積、降低工時、提高收入，你不一定要打掉重練，而是可以思考哪些人會需要你？

那些市場和族群是不是有足夠的經濟基礎和消費力道？

讓你投入時間經營之後，可以滿足你的增長目標？才是你正確的 TA。

所以我持續以合作的方式累積企業經驗和資歷，耕耘自己也感興趣的人力資源領域，透過測評開發解決企業用人問題，並串聯相關的教育培訓課程。

　　包含招募面談、知人善任、員工激勵、績效面談、團隊建立活動等等，一邊累積知名企業的授課經驗，包含新創公司果物配的團隊建立、志光集團新事業體一品文化的關鍵人才諮詢、經典品牌查理布朗的招募顧問合作、大型消防設備公司的初中階主管留才面談、HTC、MAYO、金財通商務和竹科鑫創科技等企業的人才資本講座。逐步發展企業端的能見度。

　　最後也在經營市場的過程中，發覺自己在職涯諮詢師培訓的相對優勢，可以打造出系統化的培訓課程，同時兼具理論清晰、實務應用、趣味進行，並以此作為創辦公司的主要價值業務。

　　找到你的天賦熱情、耕耘市場找到你的獨特優勢，調整你的目標族群和商業模式，你也有機會把喜歡的事做到賺錢。

　　｜主人思維｜

02
掌握職場四大趨勢

科技影響、勞資關係、產業型態、工作價值

「選擇和努力,哪個比較重要?」總是在網路上看到大家的爭辯和討論。我是兼顧派,認為兩個都很重要、彼此相輔相成。

努力會帶來回報,但策略會決定你的回報是滿載而歸還是慘澹收場。只有策略卻沒有足夠的資源投入和執行能力,那些點子終究只是鏡花水月。

趨勢一:科技賦能瓦解了許多公司存在的必要性、影響力和競爭力,也改變了上班族職涯發展的軌跡和路徑

以媒體業來說,過去如果要成為主播、導演,通常要在相關產業歷練非常多時間、一步一步累積資歷、打敗各種競爭對手,才有機會走到金字塔頂端,突出個人品牌。

但自媒體的出現,完全打破了傳統的職涯晉升規則,你只要

掌握足夠的技術，加上優質內容或獨特魅力，就能夠在虛擬世界掌握一席之地和受眾流量。

媒體產業的歷練成為加分而非必要，各樣人才在網路上百花齊放。甚至傳統媒體還要向這些人取經，研究新世代的經營模式。

趨勢二：網路發達和遠端工作改變勞動市場運作，人才的話語權和影響力逐漸上升

科技賦能造成職場去中心化，遠距工作更加劇了人才競爭。

從網路時代開始，大量的資訊交換就開始改變了這個世界的運作，很多人說這個世代的人沒有定性、動不動就換工作，不懂得在一間公司裡面多待幾年、好好紮穩馬步。

不過從另外一個角度來看：如果我知道有更好的職位、更好的公司，追求發展不是人之常情嗎？這種對職涯有企圖心的人，不就是被企業吹捧的優質人才嗎？

退一步說，在公司裡面多待幾年就可以學到東西嗎？公司真的有教我東西嗎？公司的制度或人真的有可以讓我學習的地方嗎？

我們有多少企業真的想和員工一起成長、盡可能協助夥伴的長期發展和職場成功？

還是只要便宜員工乖乖幫公司賺錢就好？

網路讓大家更容易發現新的工作機會，網友的讚譽和惡評，也讓我們更容易避開荒謬的爛缺。好公司和壞公司收到履歷數量的差距，眼所能見的日益擴大。馬太效應[7]無所不在。

加上疫情爆發後，大量企業開始願意接受遠距工作，「你們公司的勞動條件有沒有辦法攤開來跟其他公司一起比較？」此刻，全世界人才大規模流動的戲碼才正要上演。

對了，還有少子化，找不到人來上班的公司就可以直接收掉了。

我談過那麼多人，如果不是真的待不下去，大家其實不會想離職的。

趨勢三：你遲早都會有個小團隊的，
為什麼不早點開始布局呢？

台灣 99% 都是中小企業、加上無所不在的隱形年齡歧視，創業、接案和小團隊才是職場的日常。

我本身是在人力資源領域，在接觸公司和客戶的過程中，反

註 7：最早由美國社會學家羅伯特‧莫頓（Robert King Merton）於 1968 年提出，多的越多、少的越少的兩極分化現象。來自聖經馬太福音 13:12 凡有的，還要加給他，叫他有餘；凡沒有的，連他所有的也要奪去。

覆驗證人力資源專業並不是台灣產業的剛需。但這並不完全是老闆不重視員工的問題，也跟我們的產業結構有關。

根據《2021 年中小企業白皮書》的資料，2020 年中小企業的數量佔了全體企業將近 99%。也就是說，幾乎都是資本額不到一億、或員工數量不到二百人的公司。

員工數量還不足以帶來太過複雜的管理問題、沒有大量資金預算，導致人資專業在台灣完全不是剛性需求。（也許以後找不到員工的時候情況會有所改善？）從中小企業的數據比例，也可以看出我們幾乎是全民創業的文化。

許多文章鼓勵大家湧入頂級的國際大公司，但能夠從一而終待到退休的案例又有多少？

職缺就是那麼多、加上隱形的年齡歧視，30、35、40、45 這些年齡階段，都會陸續有人才遇到發展瓶頸，在自願或非自願的情況下，從這樣的大公司外溢。

如果創業、接案和小團隊才是台灣職場的終極日常，那麼我們會需要培養怎麼樣的能力？需要準備哪些計畫？

你知不知道自己的能力優劣勢？需要怎麼樣的夥伴來 cover 你？建立人際關係的能力好嗎？是否能夠好好找到並留住關鍵夥伴？

你的創業主題是什麼？你有商業模式或勞動法令的基本概念嗎？或者是：大家會不會喜歡和你合作、想要和你合作？

想必這些才會是職場人更需要學習的通識課程。

而且興趣廣泛通才型的朋友，反而在這樣的戰場更能有所發揮，畢竟小團隊經常要扮演一人多工的角色。

趨勢四：自我覺醒的新世代職場人不斷增加

統計我截至目前將近三萬人的講課經驗，新世代上班族的三大追求是：生活平衡、獨立自主和錢。

追求自己想要的生活、不接受公司對工作責任的定義、不想把靈魂賣給公司、不想要被過多干涉、只要有錢就好。

新世代的價值觀遷移，對我們職涯的影響是什麼？會帶來怎麼樣的機會？

我發現要找到志同道合的夥伴更加容易，大家越來越能接受和組織的合作關係而非雇用關係，並且重視組織長遠的願景和個人理念是否相符。

這樣的趨勢和潮流，也是我會持續耕耘職涯發展領域的重要關鍵。後勢看漲、有價值的事物，絕對不是只有特定公司的股票。

縱觀網路科技、勞資關係、產業型態、價值變遷這四大部分的職場改變，我們的職涯發展要怎麼在這當中找到可以接入的利基點？

我們有沒有充分運用這些趨勢，讓自己的職涯布局越走越順？

我經常提醒自己：每當工作太累的時候總是要回過頭來思考，自己有沒有聰明地努力？

03
職場發展的終極解答

圍繞你的優勢和理想生活，
打造不斷增值的個性化職涯

很多人的職涯卡關和迷惘，很多都來自於：

想要找到一份現有存在、而且非常適合自己的完美工作。

不能比現在薪水低、然後頭銜要更好、也要繼承過去相關經驗；雖然已經到這個產業的頂了，但還是想找找看有沒有更好的位置；新工作的未來發展要有前景，而且不用花太多力氣轉換跑道。

「？？？」你是否心中也有很多問號？

大概要遇見神燈精靈或是集滿七顆龍珠，才有機會實現你的願望。

你是固定心態還是成長心態？

你是姻緣天注定的宿命論者，還是人可以把握自己命運的生命鬥士？

同樣的，你認為你的職場發展有先天格局的限制、翻不了身，還是你經常關注可以影響的地方、持續投入努力？

對職涯懷抱靜態思維的人，只能夠看見當下已存的現況，發覺到眾多侷限或條件不符之後，就舉旗投降、放棄努力。

他們把明明是動態的成敗，視為靜態的結局，認定自己的結局已經完結、再也沒有更好的續篇。

當下失敗就代表自己永遠無法成功、最終只能犧牲自我或接受安排。遺忘自己可以從此刻開始提前籌畫、逐漸打造出想要的機會。

對職涯懷抱動態思維的人，會知道現在的不行只是階段性的挫敗、來自於過去沒有充分的規劃和準備，也來自於一些不可控的天時地利人和。他們知道目前的成果是動態的，是會變動、而且也可以被變動的。

會對未來抱持希望，了解正確的努力可以改變一些事情，當下的失敗不代表下次也不會成功，再去嘗試看看說不定結果就會不同。即使當下沒有適合的機會，也可以開始耕耘、創造未來的局面。

等待一份完美無缺的工作出現，好比天方夜譚。我每次都會跟大家說：沒有任何一個公司現有的職缺是為你量身打造的（除非有人幫你在組織裡面開後台）。職場發展的終極解答，其實是圍繞你的優勢特質和理想生活，打造不斷增值的個性化職涯。

提到理想的生活，大家或多或少會有一些想像：財富自由、美食自由、環遊世界、安穩的家……。

「圍繞你的優勢特質」，是我發現許多人不太了解的部分，也因此沒有融入在自己的職涯經營策略，十分可惜。

「職場上終究在比的是相對競爭優勢。」

職場不是比誰多喜歡、比誰更熱愛學習，成為受雇者的前提就是你有某些事情做得不錯、而且薪資成本不會太高；公司要獲得客戶的前提，就是你的產品或服務，相對其他公司物美價廉。

「相對其他人物美價廉，就是職場經營的核心指導原則。」

不過我發現，好多人不曉得自己擅長什麼、更不用說知道自己相對其他人具有哪些競爭優勢。更簡單一點來說就是：到底你和其他人，有什麼不同？你和其他人的差異在哪裡？只有你能創造的獨特價值是什麼？哪些事情由你來做的話，效益更好、成本更少？

職涯戰略：天賦熱情就是你的差異化競爭優勢，有意識地發揮和運用，讓你的市場價值極大化

史賓森博士（Spencer & Spencer ,1993）認為，智力測驗和學業表現無法預測一個人在工作上的表現，並提出職能冰山理論，描述影響職場表現的各種因素。

｜主人思維｜

職能冰山模型與同心圓模式

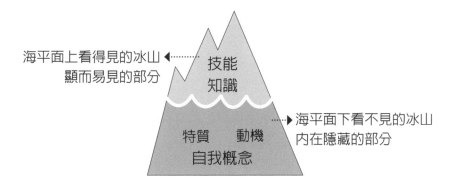

海平面上看得見的冰山 ◄┈┈┈ 技能 知識
顯而易見的部分

┈┈┈► 海平面下看不見的冰山
內在隱藏的部分

特質　動機
自我概念

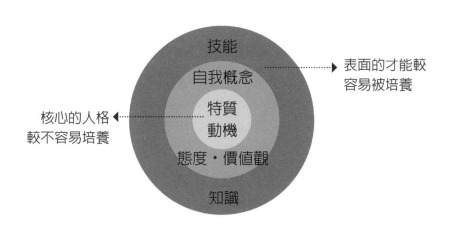

技能
自我概念
特質
動機
態度・價值觀
知識

┈┈┈► 表面的才能較
容易被培養

核心的人格 ◄┈┈┈
較不容易培養

他們統整了影響績效的五大層面，並且區分為冰山上下的模式。

技能 (Skills)：指的是執行特定工作任務的技術。比如軟體工程師的程式語言水平、主管的招募面談能力。

知識 (Knowledge)：指的是針對特定專業領域的概念了解。比如資訊軟體產業的敏捷管理、人力資源領域的勞動法令。

這兩個層面比較容易透過履歷或是提問觀察，是位於冰山之上的層次。

動機 (Motives)：指的是對事物的意向或渴望。比如對職場成功的企圖心、領導他人的意願、追求自我成長的動力。

特質 (Traits)：指的是對情境或訊息的反應。比如個性、人際交往風格、行動與執行的強度、策略思考導向等。

自我概念 (Self-concepts)：態度、價值觀以及對自己的想法。我是什麼樣的人？我想成為什麼樣的人？

我希望職涯達成什麼目標？我喜歡怎麼樣的團隊工作文化？

這三個層次非常幽微，沒有透過深入對話或是心理測評工具，無法捕捉到這些看不見的抽象概念，是位於冰山之下的層次。

冰山上的層次，比較容易觀察、容易透過客觀現實進行判斷，相較之下，也是比較容易訓練和培養的部分。

冰山下的層次，雖然影響甚鉅，但多數人並不理解。

以大家都曾經接觸過的保險業務為例，通常公司都有針對保險業務進行業務訓練，有的業務雖然講得天花亂墜、卻無法達成業績；有的業務雖然嫻靜少言，卻總是能夠獲得客戶的信賴。

難道業務是否成交，只是話術和經驗的差別嗎？

其實有很大一部分原因，來自冰山以下的層次：動機、特質和自我概念。

雖然外表看起來比較安靜，但可能他心中對成交十分在意（動機），使得他會準備並留意到非常多小細節，提高成功的可能性。

沉靜，也通常表示他很願意花時間傾聽客戶的煩惱和需求（特質），從客戶的角度來說他才是真正懂客戶的人，自然也願意把事情交給這樣的人來幫忙。

此外，說不定他過去曾經遭遇過重大事件，但因為保險的關係度過非常大的經濟危機，真心認同保險的價值（自我概念）。

所以，其實天賦熱情不是浪漫的情懷，是非常務實的、你的差異化競爭優勢。每一個隱藏在你身上的潛在特質，當你能夠有意識地運用並發揮在職涯中，你就能創造無可取代的價值。持續鍛鍊這些優勢，鎖定需要你的職位、公司、客戶和市場不斷耕耘，就能找對戰場、讓自己的市場價值極大化。

個性化職涯，就是回應你真實內在的追求、也充分發揮你優勢特質的，專屬於你的道路。

04
職場避雷指南

該怎麼挑產業、挑公司、挑主管？

產業需要累積嗎？該怎麼定位？怎麼評估公司文化是否適合自己？主管真的很重要嗎？還是選公司比較關鍵？確定想要發展的職位方向之後，這些就是隨之而來的常見問題。

挑選產業的三種方向：**高價值、趨勢、喜歡**

盡可能讓自己的職涯經驗可以不斷累積和繼承，是比較理想的狀態。

每個不同的職位和產業，都是完全不一樣的世界，在特定領域接觸越多、經營越多，越能知道很多門外漢看不懂的東西，掌握更多內線消息、有價值的情報、整體動態變化，和關鍵人脈。

當然，業務或行銷職位是幾乎每間公司都要有的，你可以說這些公司比較吃軟實力、工作項目和所需技能都大同小異，但耕

耘產業比較久的人，才能掌握市場的深度面貌。會知道客戶長什麼樣子、對於產業有更精準的洞察。

以獵頭來說，專業的獵頭招募夥伴，也都會有專精的職位和產業。因為一個人不可能同時懂所有的職位和產業，業界現在的痛點是什麼？需要怎麼樣的人才？關鍵人才到哪邊找？哪些技術在這個領域比較有價值？競爭對手有誰？轉型趨勢是什麼？這些背景知識都需要大量的接觸和累積。

針對產業定錨，通常會建議評估三種方向：

一、高價值：

簡單來講就是錢比較多。房地產、金融銀行、半導體科技、軟體資訊業等等，都是典型的高價值產業。整體產業賺不賺錢，其實會影響到產業從業者的薪資報酬。

有個朋友跟我提到他的職涯瓶頸：他工作非常努力，工時至少是一般人的兩倍以上，為了協助拓展公司業務還努力參與商會運作，每個月都幫公司帶來數百萬的業績，不過他對於自己的待遇仍然不太滿意。

他的薪水在公司已經是老闆的兩倍，甚至是一般同事的三倍，位於天花板頂端，但距離他的目標、以及投入時間與創造績效的評估，還是感到和理想落差很大，尤其是很難存到買房的頭期款。

深入討論他們公司的經營項目發現，公司比較偏中小企業的行銷外包，公司夥伴很多但都薪資都不高，從商業模式和公司制度來看，都沒有任何可以增值的空間。後來的結論就是轉換產業，以他的努力和實力，一定可以達成他想要的年收目標。

如果要追求收入，鎖定高價值產業就是成功的第一步。

二、趨勢

關於未來產業趨勢，討論的資料也有很多。相比網路上百家爭鳴的碎片化文章，可能只是一家之言，我比較推薦的數據資料是世界經濟論壇（World Economic Forum, WEF）[8]發表的報告們。

WEF 在《2020 年未來工作趨勢報告》中，提到的未來大幅增加的工作機會包含數據分析、人工智能、大數據、數位行銷、自動化技術、商務發展、數位轉型、資訊安全、軟體開發人員、物聯網等領域。不是現在很夯才提出這些概念，如果有追蹤他們之前發布的報告，2018 年早就已經針對這些領域提出預測了。除了工作趨勢，還有新興科技、未來五年人才技能需求、跨領域專業技能和新興工作集群的描述，是非常優質的資訊來源。

不過，未來趨勢不代表現在就已經技術成熟和市場成熟，也許還沒有來到技術普及的價值轉換點，即使短時間湧入投資熱

註 8：https://www.weforum.org/

錢，還是要邊走邊注意。

三、喜歡

　　這點就很好理解了：對於我們熱愛的東西，會更有動力、更有創造力。喜歡什麼主題，就加入那個領域的產業，無論是電競遊戲、地方創生、人力資源……如果收入是個考量，可以思考怎麼把喜歡的事情做到賺錢、或是另外開啟斜槓副業、擁有業外收入或學習投資，達成自己的收入目標。

　　公司文化怎麼觀察？怎麼找到適合自己的主管？基本上公司官網寫的那些東西嘛，參考就好。誰還不會寫個冠冕堂皇的東西來畫大餅呢？當然不是要一竿子打翻整船人，但打高空的描述還是挺多的。

　　從比較刻板印象的組織分類來看，大公司、大集團子公司、外商在台、中小企業、非營利組織、新創、傳產、政府與學術單位，都有很不同的風格。

　　1. 大公司：流程制度繁雜嚴謹，專業分工明確，資源很多；大集團子公司即使看起來規模不大、員工不多，但背後有靠山，所以通常也有很多資源和機會。

　　2. 外商公司：要評估這間外商對台的策略，只是一個銷售據點，還是設有研發和管理等高階決策層級，完全影響到我們入職之後的發展和天花板。不同民族的排外意識也時常會發生在這樣的場景當中。

3. 中小企業：是台灣最常見的公司體制，詳細了解創辦人的背景、過去營運資料，會有助於預測公司發展。隨著老闆不同，每間氛圍都差異很大。

4. 非營利組織：是很多助人工作者考慮的機構，通常和教育產業一樣，成員組成比較有助人理想和性格，但也不絕對如此。由於這類機構的競爭力道不強、比較沒有殘酷資遣的業界規則，還是有些資深但無心於此的奇妙員工。

5. 新創公司：喜歡創新變化和創造影響力的朋友會考慮新創，公司的主題充滿激情和理想，有很多事情可以發生、也有會隨之升遷。新創沒有太多背景資料，主要都是從共同創辦人的組成和背景資歷推斷公司發展，要關注成員的潛力而不只是公司現況。

6. 傳產、政府與學術單位：通常歷史悠久，工作環境中會有非常多資深前輩，整體的價值觀落差導致有些人比較難適應。多數組織需要創新和轉型，但因為成員組成緣故，理想和現實有些差距。

除了大方向，接下來幾個細部重點：

1. 溝通風格：團隊的溝通簡單直接、願意真實面對問題，還是委婉間接充滿弦外之音、迴避衝突？

2. 團隊氛圍：公事公辦、任務導向，大家都是工具人？還是關係導向、彼此也是會互相關心的朋友？

3. 權力距離：階級森嚴、命令鍊很長、無法直接對上溝通、

總是 Top-down 發布指令，還是扁平彈性、事先討論共識，有順暢的相互溝通？

4. 工作模式： 快節奏還是慢節奏？流程嚴謹規劃還是隨心所欲產出？責任制還是準時下班？

5. 領導風格： 信任授權還是緊迫盯人？公司秉持 X 理論（性惡）還是 Y 理論（性善）進行管理？

比起刻板印象的組織分類，上述五點的具體差異更加重要。

我們每天工作和生活的場所就是自己的部門夥伴，主管領導和做事的風格就是我們對公司的印象、同事互動關係就是我們對組織文化的感受。雖然大家都以為自己在挑公司，但最終我們其實是在挑團隊。同一家公司裡面的不同部門、不同團隊，有的天堂、有的地獄。

我個人比較偏好的環境是溝通簡單直接、團隊關係導向、扁平彈性、快節奏、流程嚴謹規劃和信任授權。至於責任制或準時下班，要看工作量以及個人是否喜歡。

在一個合作項目中，曾經遇到一位空降負責人，專業能力實在不行、又很強勢什麼都想管，嚴重到每次看到本人都很想嗆他。這樣下去對自己心血管壓力實在太大、傷神又傷身，共事沒多久就果斷離開，小命要緊。

用這些具體項目評估適合自己的主管風格，也才會找到適合自己工作的環境。

05

沒有相關經驗和背景
該如何跨領域轉職？

除了進修以外，三大致勝祕訣讓你成功轉職

　　沒有相關背景、跨領域轉職的比例多不多？根據我自己的諮詢經驗，還滿容易遇到這樣的朋友。後來去查了政府的統計數據，發現台灣科系和就業學用落差的比例將近 1/3，一方面總算理解、但也更感到人生的荒謬。

　　我們的社會價值觀很少鼓勵大家跟隨興趣發展，多數人做的選擇是符合自己科系、或是比較穩定的路線。殊不知很多人考進大學的時候，也是因為成績或想要離開家裡的各種原因，不小心進去不適合自己的地方，然後又害怕改變。

　　「反正大家都是這樣啦！我爸媽以前、和我現在的朋友，也都是這樣不曉得自己要做什麼啊。」

　　會來諮詢的朋友，常是因為長久待在不適合的職位，終於再也無法忍受、想要轉換到比較喜歡的角色，才會正式預約諮詢，好好面對和解決這個問題。很多時候其實也都有隱約感興趣的領

域，但不曉得該怎麼過去。

針對跨領域轉職的三大常見痛點，跟大家分享具體的轉職成功策略。

一、 釐清動機：測試真實職業的契合度

跨領域轉職的情況，某種程度跟社會新鮮人有點像。

過去經驗從零開始／打掉重練，然後對於目標職業環境幾乎都是想像。很常聽到大家說：我喜歡人，所以想要當人資；我喜歡交朋友跑來跑去，所以應該可以當業務； 我一直很喜歡心理學，我想要去考諮商心理師。

也許是太想離開痛苦、感覺走這條路可以解套，就突然又回到萌新的階段。很多人其實只是喜歡其中一個點，就以為自己愛上了整個職業。

也可能你太想逃離現在的加班地獄、太想斷開爛主管和爛同事的連結，所以想要趕快逃到一個沒有痛苦、無憂無慮的世外桃源。才會迫不及待地想要轉職。但說不定，你根本不適合。

就拿人資舉例吧！

事先聲明，我真心認同這個領域的價值所以投身其中，但這個職業的問題也顯而易見，如果能夠面對真相並承擔結果，要加入這個領域當然十分歡迎。

很多人喜歡人資，是因為喜歡關心人、想要助人、喜歡學習成長和上課、覺得辦公室工作比較不會太累、性質穩定可以長期待著。

以上確實都是一部分，不過只要再分享一些產業黑暗面，就會有很多人開始卻步。

人資的功能角色，在我們的文化中很容易被歸類在老闆或主管的權責中，比如決定用誰、誰要升遷、誰能加薪、把誰開除。容易和這些角色地權責有所衝突，這時候就要比較話語權和公司地位。

不幸的是，我們產業的 HR 普遍不受老闆和主管重視，最後通常還是以老闆命令和部門主管意見為主。加上終究是領人薪水，真正的服務客戶是公司而非員工，就變成很多事情公司支持就可以、公司否決就不行。

能不能發揮影響力向上管理？理想上可以但現實很殘酷。

而且人資部門在很多地方被劃分為成本單位，並不是能夠直接幫公司帶來營收的業務單位，拿人手短，也是免不了的狀況。

再來，人資不一定能決定給候選人的薪資、也不一定能改變部門主管的領導風格和對待員工的方式，但是招募成功率、員工離職率，也經常算在人資身上。

「我根本無法影響這些東西，你卻要我來負責？」大概是這些夥伴最無聲的心酸。真正能夠協助員工的比例不高，是相對少

數企業才會發生的幸運。

知道這些以後，你還會想要當人資嗎？你能夠承擔對業界的失望嗎？如果你希望投身這個領域，勢必要下定決心、挑戰進入優質文化的組織，才有機會實現理想。

二、順利入行：產業前輩輔導非常重要

無背景轉職的第二大痛點，我發現大部分的來訪者竟然完全沒有相關人脈。有些朋友對設計、對工程師、對專案管理感興趣，想要往這些方向發展，我都會請大家回去邀請這些朋友進行訪談。

畢竟真人分享出來的內容、針對特定疑惑的解答，還是跟網路文章有很大的感受落差。

但是在這個階段，好多人身邊沒有可以請教的產業前輩和學長姊，導致「一直很感興趣，但始終無從下手」的狀況。

滿多來自學生時代就已經去到毫不相干、完全不合的專業領域，或是本身沒有交遊廣闊的習慣，只要不是相關科系，就完全沒有相關朋友。

可以的人會鼓勵他陌生開發認識新朋友，或是最後都找不到、才推薦我個人的朋友介紹。

沒有相關產業經驗，會很難搞懂入行的潛規則，也很難制定

有效的行動計劃。比如要走專案管理，PMP 證照有沒有用？不懂程式可以當軟體 PM 嗎？

要去進修軟體工程師的培訓課程，感覺都不便宜，哪個單位比較有公信力？為什麼頭銜掛 UI，但 JD 上的內容跟美編幾乎一樣？貨真價實的 UI 缺在哪裡？但只要有產業經驗三年以上、能力表現也很勝任的前輩指點，就能避免很多雷坑。

三、履歷撰寫：展現你有具備基礎職能

最後提醒：請一定要進修！不一定要上超級昂貴、動輒十幾二十萬的認證，但相對划算的優質課程，都是絕對必要的累積。

大家花錢都想要買下一個確定有效的東西，公司雇人也會想要確保人選可以做到這件事情。

「我很有興趣」、「我學習很快」、「請給我機會」，光是這樣的理由很難讓老闆每個月付出數萬元的薪資成本。先證明你有基礎職能，就能大幅提高錄取機率。

有了進修經驗甚至作品集之後，履歷自傳該怎麼呈現？「即使相關經驗不多，但還是要聚焦相關內容，並擴大篇幅、描述細節。」「想辦法轉化過去稍微相關的經驗和技能，連結目標工作，增加說服力。」這兩件事情非常重要。

跨領域轉職本來就沒有太多相關經驗，因此履歷絕對不要按照時間長度和生命比例來寫，因為相關經驗佔你實際上的工作時

｜主人思維｜

間比例，可能只有 5% 不到。

　　只要選擇相關內容，聚焦放大，讓對方在看到你的履歷時，整體的印象是新領域的方向，並且感覺到你很適合這個領域即可。

　　曾輔導過一位社工師轉換跑道，仔細盤點了各種技能之後，選定數據分析工作轉職。整份履歷自傳都圍繞統計課程的經驗和成績展現，拋棄原本過多社會學和輔導層面的描述，集中呈現協助教授進行量化研究的專案經驗。

　　這三點關鍵跟大家分享，祝福大家掌握規則、成功轉職。

06

來自 1000 份個案優化的經驗累積

教你超高面試轉換率的履歷自傳撰寫技術

前置準備階段：知己知彼，調查市場需求、開始換位思考

過去幫大家做履歷健診，各種匪夷所思的內容總是不斷刷新我對人類的認知。但也發現有很多朋友只是不懂得行銷自己，這種履歷優化之後簡直是浴火重生、讓我充滿成就感。

其實要寫一份好履歷並不困難，看著這篇攻略打怪就可以輕鬆破關囉！

很多人的履歷幾乎只是單純的自我介紹，因為還不清楚方向，所以把自己過去所有感覺很厲害的學經歷通通列出來，履歷上充滿各種不同領域的經驗。雖然看起來很豐富，但不全都是對方想看的內容。

曾經有人來諮詢的時候提到，他想要換跑道往業務工作，但不曉得為什麼都是想招人資的公司請他去面試、即使原本面試的是業務職缺，最後也會聊到要不要改當人資。

我看了他的履歷後發現，他過去實習的時候招募做得特別好，花了超過 50% 的版面強調招募績效成果，因此，雖然他有運用履歷撰寫技巧、但沒注意到整體架構比例和企業視野的觀感，導致每個看到他履歷的人，都覺得他註定就是當人資的料。

寫履歷的基本心法之一就是「換位思考」：用別人的角度看事情。看履歷的永遠不是我們自己，如果無法預測對方想看見什麼，寫出來的履歷就只會一直被已讀不回。

完成一份客製化履歷的前置準備，可以簡單分成這三個階段：

A. 個人經歷盤點
B. 目標職務研究
C. 選取相關素材

A. 個人盤點：列出學經歷，建立個人經歷資料庫

剛開始下筆的時候，記得多少就寫多少，不用完全窮盡，以近期為主，先寫到高中階段即可，幼稚園國小階段太久遠了不用寫。後續可以隨時回來這個階段更新資料。

建議大家建立一個筆記清單、或是定期更新自己的履歷版本，記錄自己過往累積的點點滴滴，隨時都能派上用場。線上履歷我個人使用的是 CakeResume，只要加入一些照片和 icon，版面就很舒服好看。不過我的版本是用來當自我介紹，不是針對某種職務設計的履歷。

【行動方案】

1. 內容寫不太出來，可以翻翻過去社群軟體的動態、或跟同主管同事聊聊，有時候是我們缺乏自信不敢寫，或只是單純忘記。

2. 真的想不起來，也可以先進入下個階段：針對目標職缺收集資料。先有比較明確的目標和方向，會比較容易想起過去有哪些經驗可以連結，此時再回到個人盤點階段更新內容。

B. 目標研究：調查目標職務所需能力（硬實力、軟實力）

這個階段就是「預測對方想看什麼」的重要步驟。只要用行銷企劃、國外業務、數據分析師……等目標職務名稱，查詢網路和人力銀行資料，就可以在新聞、PTT、人力銀行、部落格甚至公司職缺頁面，了解這個職務需要的硬實力、軟實力以及近期趨勢。

硬實力包含學經歷背景、專業技能、證書執照、外語能力等。軟實力包含個性特質、溝通表達、團隊合作、工作態度等。

硬實力是非常綁定職務的，不同工作需要的專業能力截然不同。軟實力部分，不同種類的工作以及不同風格的公司，偏好不同性格的人，再隨著實際工作內容和企業風格決定真實權重。

一份履歷自傳的呈現，就是為了呼應目標職務所需要的能力，以硬實力展現為主，同時適度描述軟實力。畢竟大部分企業

是先看我們能否勝任這份工作，接下來才是評估個人特質等面向。不過，有些特別注重人際能力的工作，例如服務業或業務，此時人際能力就如同硬實力的地位，可以多加著墨。

【行動方案】

用職務名稱查詢網路資料或人力銀行，針對目標職缺找出 5-10 間比較想要的公司、列出 10-15 個 JD（職缺敘述 Job Description）經常出現的關鍵字，確保你實際了解這份工作的需求，就可以進入下個階段。

C.選取素材：從個人經歷資料庫中抽取內容（相關性與獨特性）

針對上面研究出來的目標職務關鍵字，抽取過去經歷中相關的部分。哪些經驗可以證明你的專業能力、哪些經驗可以呈現你的抗壓性、哪些經驗可以凸顯你的溝通表達能力等。履歷自傳中的每一個段落都有目的，都是為了呼應目標職務的需求而設計的，千萬不要只是想到什麼寫什麼。

很多人會問：「自己學經歷不足，沒有什麼相關內容可以寫，該怎麼讓履歷看起來更豐富？」如果已經來不及累積經歷，你需要具備一雙敏銳的眼睛，嘗試挖掘看看自己過去經驗和目標職務的關連性。

好比說，一份活動企劃履歷的遊樂員服務實習經驗，不要只提到平常工作內容，這樣乍看之下只有服務業經驗，針對活動企

劃面向的相關性、深度和價值不夠，應該要點出：參與大型遊樂園重要慶典的規畫執行（要真的有參與才能寫，不要捏造）、以及第一線服務顧客的經驗，對於活動企劃工作的學習與啟發。

除了相關性，還有獨特性。獨特性是你的特色、你和別人不一樣的地方。大家如果從公司角度來看，主管和人資可能每天都收到幾十封履歷、或是已經看了這個領域一堆人的履歷，最後每份履歷看起來都差不多，只是臉不一樣而已。所以一定要保留一些個人特色，方便在對方心中留下記憶點。

曾有學弟要應徵土木工程工作，他問我排球校隊的經驗跟工作有沒有關聯、能不能寫進去？大多數人應該只會把這個經驗當成社團經驗帶過，但了解土木工程工作的人，就會知道這工作其實很需要體力和團隊合作，校隊訓練能強化他的體能、排球則是非常注重團隊精神的運動，如果他從這兩個角度切入、描寫透過排球校隊培養出來的能力，反而可以從獨特性的角度，側面強化他的應徵優勢。如果同時有好幾位應徵現場工作，專業也差不多，想必這個人的獨特性就會讓他脫穎而出。

下筆撰寫階段：運用這四個技巧，立刻增加履歷含金量

即使參考許多履歷範本，為什麼履歷看起來還是覺得很弱？好像怎麼寫就是寫不出專業感，但也不曉得差在哪裡？

除了版面設計以外，只要運用這四大技巧，你的履歷文案就可以煥然一新、展現價值！

A. 運用關鍵字、行話

在前置準備的目標研究階段，特別強調關鍵字的重要性，但關鍵字的功能不只是用來聚焦履歷內容而已，還會有額外兩個效果：

1. 當 HR 從人力銀行系統中搜尋履歷時，可能會直接查找特定技能、經歷或證照，有放入正確關鍵字暗號的履歷，才會出現在搜尋出來的視野範圍，沒放關鍵字的履歷幾乎就不會出現。

2. 如果不是透過人力銀行履歷應徵而是投遞自製履歷，審閱邏輯其實也很類似，HR 和主管經常透過瀏覽關鍵欄位和關鍵字，快速判斷求職者的勝任度。通過初步篩選之後，才會仔細查看細部內容。

> **Tips.** 關鍵字的用意在於使用「行話」，行話是該領域中的人習慣使用、期待看見、會有反應的文字，通常也反映了專業層次與當前趨勢。因此關鍵字的出現，可以立刻吸引對方的目光。

B. 具體描述

很多人在寫履歷自傳時，相關經驗雖然會帶到、但寫得不夠具體，因而無法有效地展現出過去累積的專業和經驗。

舉一份應徵市調人員的案例：履歷中他提到「幫教授跑統計分析問卷」的經驗，內容很合理、也正確，但公司其實無法從中判斷這個人的能力水平。

站在企業的立場，對方可能會想進一步了解：這個人會使用哪些統計分析軟體和方法？處理過哪些類型的資料：分析過什麼議題、是否有政府單位或知名品牌合作經驗、研究過哪些產品和產業？資料可以處理到什麼程度？有用過樞紐分析嗎？能不能獨立完成？效率如何？研究報告完成之後，帶來的實質貢獻是什麼？寫得越具體，對方越能了解你的能力水平。

> **Tips.** 這邊需要注意的是：不要寫得太瑣碎變成流水帳，必須先思考到底想呈現什麼職能。有人把餐廳外場的經驗寫得非常仔細：「負責客人帶位、倒水、點餐服務、維護清潔，收拾碗盤、清理環境，再佈置桌面。」但這些屬於比較基本的事務處理，也是一般外場的共通能力，可以選擇強調其他面向。

C. 有感技巧：量化

量化技巧在網路上有很多教學，算是具體描述的一種延伸。預算規模金額、流程改善數據、工作績效表現、顧客滿意回饋等部分，都是可以數據化呈現的內容。一般在文案撰寫的時候，通

常也會強調數據呈現，很多網站也會運用這種方式呈現過去的累積，可以有效地吸引受眾目光。

Tips. 有些人可能覺得實際數字不好看，例如：花了三個月的時間好不容易讓粉絲人數從 50 人變成 200 人，於是寫上「成長 400%」這種浮誇的數據。沒有寫實際數據、只有寫比例，通常還是會被打折扣，而且會被追問。

D. 前面分項拆解之後，最後提供一個整合撰寫架構：BAR

要描述一段經歷時，可以拆成三個部份：Background 背景 + Action 行動 + Result 結果。有些履歷顧問會教 STAR 技巧（Situation、Task、Action、Result），但根據我個人實際操作和運用的經驗，實在很難分成四個部份，所以我通常以區隔出三個部份為主。

1. Background 背景：

描述背景條件，是為了襯托你的能力，大家可以回想以前學習國文的映襯修辭技巧。如果工作進行時存在限制：預算不多、時間很趕，或沒有人可以支援專案，那麼即使其他人也有類似成就，但相較之下，你的環境條件更加嚴苛，此時你的能力價值就會被凸顯，因而從競爭者當中脫穎而出。

舉我的演講經驗來說：「擔任講師第一年即累積超過 40 場次演講經驗，演講人次突破 2000 人。」因為資深講師累積的演講人數，一定遠遠超過我的經驗，所以要把「第一年」這樣的先決條件說出來，補充判斷的依據。

2. Action 行動：

在任務中做了什麼，這是大家都會寫到的內容，但容易流於表面。可以參考上述第二點【B.具體描述】來撰寫這個部分，將工作內容寫得具體到位。

3. Result 結果：

有數據資料的成就，就以數字呈現工作成就。例如：負責預算規模、取得多少專利、績效表現排名、成本改善／效率提升數據、服務滿意度回饋等等。沒有數據的話，可以用重要專案經驗或知名品牌合作（愛迪達、香奈兒等），來呈現自己的工作經驗。

比如我在自己的線上履歷寫到：

協助精修求職者履歷自傳並給予職涯發展建議，平均服務滿意度高達 98.6 分。

職涯文章廣受好評，獲關鍵評論網、東森新聞、Cheers 等媒體轉載。

「協助精修求職者履歷自傳並給予職涯發展建議」、「職涯文章廣受好評」，前兩句都是寫工作內容，後面追加的「服務滿意度」、「知名媒體轉載」，則是工作亮點成果。

｜主人思維｜

沒有刻意練習過的人，只會寫行動但沒有刻意擦亮成果。不過，所有看起來很厲害的履歷，都有好好突出成果，創造畫龍點睛的效果。

自傳的內容架構布局模板

演講的時候，大家最想了解的是自製履歷，第二就是自傳了。以台灣的求職情境，還是有非常多公司想看自傳，甚至還有字數期待，內容太少會被認為沒有誠意。

基本上履歷自傳各一頁就好，除非特別要求、不然不會有人想認真了解你的一生。自傳篇幅 800 字左右、需要加上段落小標題，方便對方快速瀏覽，

段落呈現大概可以分成五段：

1. 自我摘要：

其實映入眼簾的第一段超級關鍵。第一眼要能吸引企業的目光，他才會花時間繼續看下去，履歷就是廣告，但很多人沒有抓到精髓。

首先，履歷不是交友軟體，「我是射手座、熱愛衝浪」這種內容，不是企業想要看的重點。再來，除非是傳統保守到不行的公司，要不然真的不用寫「我的家庭」。

用三到五行的篇幅，呈現我們在這個領域的年資累積、重要

資歷、相關特質、為什麼想進這個產業／公司以及雙方的連結，最後提出你想要應徵的主要目標，就會是一段非常完美的自我摘要。

2. 相關工作經驗 x2：

自傳撰寫不用按照時間，呈現出想重點分享的經驗就好。這個部分寫兩段左右，經驗真的豐富又都想寫，可以安排三段。

如果是新鮮人或跨領域轉職的狀況，需要強調求學進修歷程，也一併歸類在這邊。

3. 軟實力描述：

前面都是硬實力專業和經驗，請記得認真寫一段內容，特別呼應並緊扣目標公司在 JD 上面的軟實力要求與期待，比如正向積極、善於溝通等等。

4. 未來展望：

如果目標只是入職，通常寫兩三行走個過場就好，未來不用寫到太遠，時間點抓在剛入職的快速上手就行。

這邊一定要記得的是 call to action：期待能有面試機會，提醒對方邀請面試。

除非有特別的個人考量或公司期待，才需要寫比較詳細具體的未來目標。認真想了解你未來職涯發展期待的公司真心不多……。

最後三個小祕訣：**職缺投遞策略、多方開拓管道，以及履歷賞味期限。**

A 不完全符合條件的職缺可不可以投？70% 符合就試試看

就跟大家在找對象的時候會列很多夢幻條件一樣，這些條件都只是參考用、不是那麼硬的標準。

因為公司也很難預測會有哪些人來應徵、先列出比較理想的狀況，最終還是從前來應徵的人當中，評估比較適合的人選。

我們只要在這些人裡面相對適合公司，就可以拿到入場券。完全沒有嘗試就不會有機會。

不過，落差太大還是要注意一下，可以從 JD 推測對方的假設和期待。比如說在職缺上寫希望一年以上經驗，通常代表可以接受資歷淺的人，但還是希望不要完全白紙、需要從頭教起。

B 多方開拓管道

每個產品對不同的人來說，價值是不同的。

我們即使是同一個人，但不同的人看我們評價也不同。

就像這樣，你的價值在不同公司、老闆、主管和人資的眼中，也是不一樣的。我們的市場身價並非絕對固定的數字，要找到需要你的地方、喜歡你的人。要找到自己的客群和市場，而不

是誤會自己的薪水只能這樣。

轉換到實際狀況來談，也鼓勵大家多方開拓求職管道，不要只用人力銀行，現在有很多企業在 CakeResume、Yourator、LinkedIn 等平台找人，或是運用朋友人脈推薦、直接到特定社群發布招募消息等等。

套用行銷漏斗的概念，首先你曝光的次數要多、觸及的對象要多，比較容易遇見需要你的人。前端的數量多了，後續成功媒合以及自己可以挑選的機會才多。

我自己就有準備好一份完整的履歷，再把內容擴散到人力銀行、CakeResume、LinkedIn 同時曝光，不同的管道為我帶來各式各樣的合機會。

C 履歷賞味期限：履歷只有在前幾年工作有用，
　之後都是靠人脈口碑推薦

在沒有人知道我們的時候，瀏覽履歷是比較快的做法。

不過走跳職場一段時間，大家也都知道有些人只是擅長寫履歷、被面試，講得一口專業但沒有真材實料。

通常在職場累積一段時間經驗的人，應該會累積各種公司、客戶、老闆、同事、窗口、朋友等等，如果是優秀的人才（夠專業、好合作），經常會接到這些人的介紹和引薦，有源源不絕的

　　　　　　　　　　　　　｜主人思維｜

合作機會。

　　履歷自傳只有在剛進社會比較關鍵，職場中後期就不是那麼重要了。除非有在經營個人品牌，很多個人曝光依然會運用到撰寫履歷的技巧。

PART **4**
找到屬於你的生命三角形

01
我選擇自由和創業

想和志同道合的夥伴一起做有價值的事，
不把人生虛耗在大組織的政治遊戲裡

　　我的第一份工作就在大集團裡，是一間總共超過 500 人的公司，有很多部門、很多人。

　　讓我一直感到困惑的點是：為什麼這些人沒辦法好好合作、一起做點有影響力的事？公司的人和資源那麼多，如果能夠凝聚起來、不要搞部門對立、相互掣肘，應該可以做到很棒的事情吧！

　　果然還是我太天真。每個人工作的目標不一樣，也許有人加入這裡的那天起，就帶著輕鬆退休的心情，也有的人躍躍欲試想要一展身手。有的人想要大權在握、有的人就是愛好競爭批鬥。

　　每個人的性格和價值觀也迥然不同，想要讓這些人齊心合力根本是天方夜譚。但依然讓我感到困惑。

　　工作就是這樣嗎？同事關係就只能這樣嗎？沒有辦法像朋友一般工作嗎？難道在公司就是必須忍受那麼多組織政治，明明可以好好去做的事情也分崩離析。到底為什麼要在這些地方浪費

｜主人思維｜

時間？

　　我很困惑但暫時沒有答案，也在思考是不是自己太天真、不夠社會化，會不會只有我這樣想？會不會是我自己的錯？

　　決定發展自由工作，是第一個大膽的嘗試。但也因為走上這條道路，過程中的小小收穫讓我開始看到希望。

　　要脫離組織的時候，其實我也非常擔心。

　　很多人說自由工作會餓死、收入不穩，當時我不斷糾結要去大公司當人資、還是開始自由工作？甚至練習用文字自我對話，讓心中的正反兩方各自表述。

　　「為什麼我那麼想要大公司的光環？」

　　自問自答很多答案，一直沒有靈光一閃的解答。

　　「其實是因為我沒自信，很想用一個光環肯定自己。」

　　寫到這邊終於頓悟自己的心結，然後我反問自己一個問題：

　　「如果我能夠給予自己肯定，那我會怎麼選？」

　　想通之後，立刻傳送訊息婉拒當時面試的人資主管，決心踏上自由之路。

　　剛開始有雀躍也有擔心，自由的空氣非常美好、但也擔心收入問題。為此我不斷經營個人品牌、認識朋友討論合作，在這些過程中，我發現原來職涯是可以被創造出來的，而且認識的人一多，就比較能遇到志同道合的夥伴。

不會所有的人都喜歡我、三觀契合，但總是會有氣味相投的朋友、會有欣賞我的人。原來規則其實都僅存在於特定的群體當中，不同的族群、會有不同的規則。我過去在不適合自己的群體、因為不喜歡的規則而痛苦，我應該要找適合自己的族群、遵循自己認同的規則。

在三年全自由工作的時間中，我可以跟喜歡的夥伴合作、選擇感興趣的事情來做、每年收入都以 30% 以上的速度增長，還有滿多時間可以放鬆。

醞釀一段時間之後，有朋友鼓勵我創業。創業這件事情，老實說從來沒有出現在過去的目標裡。很多人說創業很累、需要很多能力、風險很高，而且我也沒有那麼想賺大錢、很懶很怕麻煩，最後驅使我創業的理由是：對於助人產業的意義感和使命感。

我所處的領域在台灣還很新，現有的培訓體系還沒辦法提供很好的問題解決方案，導致取得認證的人畢業之後，全職投入職涯諮詢的人不到 10%，大部分的人都是兼職，有時候看見大家只能提供免費諮詢、或是只能收取幾百元的諮詢費用，就覺得這樣實在非常辛苦。

但我們這個專業是很有價值的、真的能夠幫助到很多人，只要你具備足夠的諮詢技術、工作經驗和問題解決能力。

想要提供更好的專業支持給諮詢師、想要透過這些諮詢師幫助到台灣更多迷惘的人，就成為創辦職游最重要的信仰。我們不是培訓公司，我們想要建立一整個諮詢師產業的生態系統，這才

｜主人思維｜

是我們的願景和使命。

從下定決心開始，我先測試兩件事情：我能不能教專業培訓？我能不能帶領團隊？透過一整年的測試，評估還算勝任之後，也認識了共同創辦的核心夥伴們。

神奇的是，剛好都在不同的場合有機會合作一年以上的時間，也都了解大家過去都有持續在相關領域努力，專業分工上有了研發、行銷和營運，三足鼎立、萬事俱備，也就順利註冊公司、開始經營。

創業一開始，運用我自己的人力資源專業知識和職場人際歷練，找來的夥伴就是價值和理念相合、做事可靠、可以彼此信賴好好共事的夥伴。

我們除了工作上的討論，平常也都能自然地彼此關心。既是工作夥伴，彼此也是朋友。能夠取得兩者的平衡，又能融洽相處。

「這就是我理想中的團隊氛圍！原來我的願望是可行的！」每當想到這裡都非常感謝，有很多我無法做到的事情，都因為有大家的緣故才能完成。

我們不會花任何力氣在明爭暗鬥、吵架置氣，所有的時間和心力都可以放在公司營運、提供更好的產品和服務。一邊協助諮詢師們的職涯發展，努力和公益計畫合作，讓諮詢師們逐漸累積諮詢能力，並且觸及更多服務對象。

光是去年度五位諮詢師夥伴，就服務了 50 位特殊境遇少年，

提供 250 小時的諮詢服務。這是光靠我一個人無法協助的數字。

此外，公司開設的職涯諮詢師長程培訓（將近 100 小時）迅速滿班，參與的未來諮詢師們也都是追求專業的助人者。每次授課或討論都能彼此充電，讓我更相信相同頻率的力量。

只要有人開始，就能逐漸改變狀況。不斷認識志同道合的夥伴、提供專業的培訓和工具支持諮詢師發展、大家一起協助更多迷惘的朋友們，讓職涯諮詢師的工作被更多人了解價值，每個環節都值得為此付出熱情，都是很有意義的事。

02
增加動力的三個可行辦法

問題不是你不會訂目標，
而是決心和行動無法堅持

大家轉職通常都卡在哪裡？

沒有目標、找不到方向？確實這是第一階段的關鍵問題。

不過，陪伴了那麼多人轉職之後我發現：釐清目標之後，「心態轉換」和「堅持行動」才是卡住大家的超級大魔王。

運用興趣能力價值觀的內在三角形架構、盤點比較有機會的職位公司產業的外在三角形，通常這樣的梳理就足以把目標定在兩三個選項以內。

不過，接下來大家心中的腦內風暴就會開始啟動：

真的只能這樣喔？沒有其他選擇了嗎？←俗稱「無法接受現實」

要轉過去很難吧？我真的可以做到嗎？←俗稱「自我懷疑」

我是不是繼續維持現在這樣就好？反正又不一定會比較好？

←俗稱「打退堂鼓」

必須要堅定地下定決心、徹底轉換所有阻礙自己的心態，才能開啟後續的行動。

開始行動就可以了嗎？事情不是憨人想得那麼簡單。

行動之後會發現實際和自己的想像有點落差、看見更多問題、遇到各種沒想過的障礙、更別說很多人的行動只是一時的衝動──三天打魚兩天曬網，熱情熄滅的速度就跟眨眼一樣快。這樣當然無法轉換。

為了掃除過程中的各種阻礙，整理三種比較實際的方法提供給大家。這篇不會談訂定目標，因為我發現幾乎都不是訂目標的

增加動力的三個可行辦法

｜主人思維｜

問題。SMART 誰不知道？連比較進階的 OKR 和 OGSM 說不定都有人懂。

但目標訂在那邊，怎麼幫自己添加燃料、移除障礙、維持動能，才是實現目標的根本問題。

一、夢想版：讓目標視覺化

簡單來說，就是用文字或圖片，記錄你接下來想要達成的目標。

人只要沒看到就會忘記，看見就會想起來，讓夢想版成為你的提醒，而不是只靠大腦模糊的印象。

有的人會用照片或圖片剪貼，拼湊出自己理想中的生活場景；我個人對文字比較有感，所以會透過便條紙把大專案和小待辦寫下來，貼在工作空間上的牆面，時常提醒自己。

腦中儲存太多資訊也會造成負荷，把各種項目寫下來可以充分釋放大腦的記憶空間。

版面可以隨意設計、或是自己分幾個象限，也有的人用曼陀羅九宮格的方式撰寫，用 Google 搜尋可以找到非常多製作夢想版的說明。

一定要留意的基本觀念是：目標一定要具體可操作、也不能同時設定太多目標。

比如說「希望臉看起來更瘦一點」，這就不是一個可操作的目標。想用 168 斷食和每周重訓一次的方法，在三個月內嘗試減下五公斤，才會是一個具體到可以實現的目標。

此外，同時設定太多目標，最後的下場通常就跟我們每年的新年新計畫一樣：都只是說說而已。

每個人的專注力、意志力和時間心力都很有限，什麼都投入一點的成果，就是什麼都沒有完成。一次只設定一到三個目標、集中火力階段式完成，完成之後幫自己小小慶祝一下，才會更享受整個過程。

二、找戰友：邀請正在轉換的朋友們一起聚會、彼此鼓勵

如果你很在乎人、重視朋友、喜歡合作，不妨找正在轉換的親朋好友們一起聚聚，建立一個人生改造俱樂部。

在下定決心和堅持行動的過程中難免會失去動力或不順利，有相同目標的夥伴互相理解、彼此加油打氣、督促勉勵，會非常有幫助。

三、找導師：就像我們會找健身教練逼自己運動一樣，
找一個角色督促自己

如果你的個性比較難自我管理、或是比較容易發散，或是發

｜主人思維｜

現即使和身邊的親朋好友討論職涯，也很難有比較深入或具體的建議。

也可以考慮找導師、職場前輩或學長姊、教練，藉由定期討論以及稍微嚴格一點的督促，讓自己順利度過轉換的過程。

找職涯諮詢師談，到底要花多少時間才會有效果呢？每位諮詢師的專長、能力和風格都有點不同，跟大家分享我的經驗。

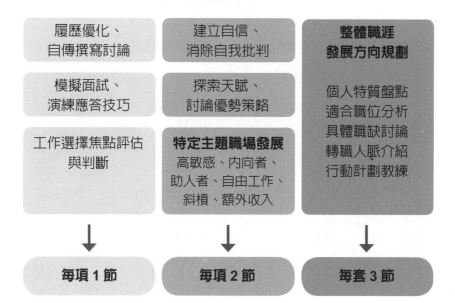

諮詢時數建議

履歷優化、自傳撰寫討論	建立自信、消除自我批判	**整體職涯發展方向規劃**
模擬面試、演練應答技巧	探索天賦、討論優勢策略	個人特質盤點 適合職位分析 具體職缺討論 轉職人脈介紹 行動計劃教練
工作選擇焦點評估與判斷	**特定主題職場發展** 高敏感、內向者、助人者、自由工作、斜槓、額外收入	
每項 1 節	**每項 2 節**	**每套 3 節**

這是我個人職涯諮詢預約上面的時數建議，上面列舉的是特定主題要談到有初步的收穫和結論，所需要的時間。

以心理學為基礎的職涯諮詢對多數人來講是很新的東西，所以我會準備比較仔細的文字說明。

諮詢通常一次談一節，一節 50 分鐘，剛開始會了解近況、討論當次諮詢的目標、進入主要討論階段，最後幾分鐘複盤總結，約定回家作業或下次時間。

第一次諮詢為了瞭解背景狀況，需要花一些時間收集資料，所以也很常談到 1.5 節。不太建議一次諮詢太久、一次好幾個小時，因為大家其實會需要回去反思沉澱、收集資料、完成作業以及搭配行動計畫，整體的效益才會更高。通常會是一兩周談一次的規畫安排，直到達成階段性的目標。

15% 的來訪者，主要是想確認一下自己的想法，這種情況就會談得比較快，大約 2 節左右就可以達成目標。但 80% 的情況下，至少需要 3 節以上的諮詢，諮詢師對來訪者的了解、雙方討論的洞察和深度、以及各方面的完整盤點，比較能帶來效益。此外，如果是需要透過討論才能釐清思考的人、個性比較猶豫糾結、或是對自己比較沒有自信的人，通常需要比一般朋友再多 2 節時間，因此初步階段進行 5 節諮詢會比較適合，再根據情況決定是否續談。

除了討論出想要的未來方向，諮詢要達成效果，我發現很多人會卡在下定決心和持續行動這兩個關卡當中。心態要徹底轉換、行動也要能不斷堅持，最終才能完成階段性的生涯轉換。所

｜主人思維｜

以如果牽涉到心理層面或行動層面的議題，就會需要多一點時間。大概 5-10% 的朋友有察覺到自己的想法和行動容易發散，很難持續朝向目標行動，如果是這樣的類型，就會像健身教練的模式定期諮詢，直到完成階段性任務為止。

夢想版、找戰友、找導師，跟大家分享這三個增加動力的方法。

03

脫離比較的輪迴，會讓你找到自己

經歷深刻的故事，會讓你找到天命

在碩士班研究真誠領導的時候，讀到一段很細膩的文字：「真誠者們之所以能找到自己想要實現的理念和價值，通常都是來自他們在過去人生中、經歷到的生命故事。」

首先，要關掉外界的噪音，要重新回到你自己一個人的軌道，要先找到你自己，傾聽你內在的聲音。

大家幾乎都會陷入自己和別人的比較，而且這點進了職場之後又變得更明顯：

A 朋友顏值好高、真羨慕他們家的基因，
B 朋友身材怎麼那麼好、我實在沒辦法每天進健身房，
C 朋友上個月買房了，家人還幫他付頭期款！

更別說和社群網路上、主管同事間明裡暗裡的攀比，在感覺獲勝的那一瞬間開心了片刻，然後又自己發現這不過是種虛無的喜悅、如同煙花一般短暫。繼續回到無限比較的輪迴當中。

｜主人思維｜

「比較」其實可以是一件中性的事，許多事情透過比較能夠發現差異、了解定位，當然，也可以運用正確的比較，了解你自己。

恰如其分的健康比較，並不會帶來太大的問題，但不幸的是，我們總拿自己的弱點和他人的強項相比，然後覺得我真的是全世界最爛的那個人、人生好絕望。

該怎麼改變比較心態？心理學的方法很多，今天想介紹的一種方法是：「讓你想要成為的自己，變得更加清晰。」

你想要成為的自己，是從你靈魂的聲音中，提煉出來的答案。不是其他人的意見、不是從其他人那裡繼承的主張。

你身邊重要的人對你的期待，也不一定是真正適合你的面貌。專業的諮詢師可以協助你拼湊碎片，加速描繪出自我圖案的過程。

為什麼會一直和別人比較？因為我們沒有明確的比較基準和目標。理想的目標是和期望中的自我比較，努力朝向自己喜歡的模樣前進。簡單來說就是自己跟自己比，但又要如何做呢？

在生涯諮商的領域中，生涯建構大師 Savickas 研發了一系列的問題，透過這些提問，從我們喜歡的人物角色開始，提煉出我們想要成為的自己。

跟大家分享一個我參考自生涯建構訪談改編的有趣活動：名偵探柯南。

從你平常追蹤的粉專、IG、名人、收藏網站、手機 APP、個

人社群動態、行事曆、書櫃等等，能不能萃取出 5-10 個你的生命主題呢？

以我自己為例，認真統整之後才發現，我平常在臉書上會追蹤各種思想厲害的大神，比如理財大神李伯鋒老師、商業思維學院的 Gipi 老師等等；除此之外也會追蹤生活有趣的人，音樂家、衝浪好手、國外工作的人、時常旅行的人……。

歸納這些部分，讓我發現自己的兩個線索：智慧和有趣。

我確實很欣賞、也很想成為有智慧的人。智慧不是聰明，而是了解人生和人性之後昇華而出的哲理。從小時候就很嚮往成為出謀劃策的軍師，現在從事諮詢工作，每當自己可以解決對方的疑惑或問題，就覺得自己距離智慧更靠近了一些；同時，我也很喜歡接觸新奇有趣的人事物，無論是吃到從未體驗過的美食、或是認識特別的人，都能在無聊的日常裡注入許多活力。

至於我的書櫃，充滿了各種心理學、諮商、職場發展、天賦熱情特質、領導、經營管理方面的書籍。一部分跟工作有關，但也有很大部分是在我從事這個職業之前就已經收藏的書籍了。

不斷統整和歸納這些 Role Model 和關注資訊，就能逐漸看見自己的生命主題和熱情關鍵字。

找到自己的方向，再來還需要什麼呢？

需要經歷人生，藉由實踐經歷以及和世界的碰撞，淬鍊出你的主旋律。

你有故事嗎？在平淡的日常生活之外，有沒有一些酸甜苦辣的故事？

有些人說，使命感可以帶來工作的意義，因此想要找到可以產生使命感的工作。那麼我會想先問你：你的故事是什麼？

意義感，好像是個很漂浮的東西，不接地氣。

這個東西不能吃、也不能變現，好像只是個空談、不切實際的幻想。但其實這件事情會強烈影響我們的工作表現和績效。

組織心理學中有很多文獻都在討論這些概念，思考很多設計工作的方法，想幫助人們在工作中找到意義感和使命感。這是技術性的方法。

不過，放在整個職涯和生涯發展的旅程來談，更加合理的順序應該是：

我們在生活中經歷了或大或小的故事，透過這些故事覺醒自己的理念、精神和價值，才逐漸找到有使命感的方向。

以我為例，我從高中開始就不斷思考未來到底要做什麼。

我是非常需要方向感和意義感的人，如果無法認同，就無法發自內心真實地去做。雖然我有一些興趣和能力，但我不曉得這

些到底要放在哪裡？到底要朝那個方向傾注我的能量？

想阿想的，高中過去了、大學過去了、研究所過去了，跌跌撞撞中遇到諮詢師的工作。

「就是這件事！」

我在尋找方向的時候那麼痛苦，所以也不希望別人跟我經歷一樣的痛苦。

過去的故事成為鋪墊，讓我逐漸覺醒了強烈的信念：

好多人上班都好痛苦、做著自己不喜歡的事情、星期一就在等星期五下班，最大的夢想就是可以不用工作。

如果幫大家找到適合的方向，至少工作中的八小時，會讓他感到快樂吧！

這就是我透過自己生命的故事、覺醒出來的信念。

意義感源自於強烈的信念和精神，而這些「強烈的信念和精神」，通常需要深刻的經歷作為土壤。

可能是長時間經歷戰爭的痛苦、看見許多窮苦孩子的悲傷、親朋好友遭遇冤屈的不公，或是那些被虐待的動物讓你心碎。

你深知戰爭的殘忍，所以一輩子為和平而奔走；你想改變窮苦孩子的命運，所以勞心勞力為了弱勢教育付出；你再也不希望糟糕的事情發生在周遭人身上，所以想擁有權力；你甚至親自扮演被虐待的動物，為的就是幫這些生命發出聲音。

或者，你就是你自己的故事。

你再也不想經歷曾經遭遇的悲憤、無力、委屈、失落，所以覺醒：你想傳達某些聲音，你想為了某些事情拚命。

「不應該這樣！」的信念成為你奮戰的理由，成為你的使命。如此一來，自然會找到努力的意義、找到有使命感的工作。

那，該怎麼做？

在生活中，什麼事情經常牽動你的劇情？

哪些議題經常影響你的情緒？你想改變什麼？

我們都需要培養內心的眼睛，練習發掘和歸納微小的線索。

你的故事是什麼？你找到屬於自己的生命故事了嗎？

你過去的故事有哪些劇情呢？你喜歡哪些、不想要哪些？

在生命的下個章節，你會想要怎麼進行你的故事呢？

真的覺得沒有故事的人，請試著更加用力地生活、更加用力地思考。

請再踏出去一步看看，畢竟溫室裡面不會有暴風雪。

故事會讓人變得深刻，深刻的故事會讓人覺醒。

藉此帶出你的使命，幫你找到、你可以為之付出熱情的事物；幫你找到，即使辛苦、也還是會踏上的道路。

每個人都是自己故事的作者、自己電影的導演，當我們重新拿起筆來、握住自己的選擇，就能開始創作未來想要的劇本。不要放棄你寫故事的權力。

04

如果感到失去動力，
如何找回問題來源？

用「生命平衡輪」在工作與生活中找回平衡

　　生命平衡輪是生涯諮商領域經常使用的工具，簡單好理解，沒有背景的人也可以進行初步評估，功力深厚的諮詢師則可以從這邊延伸談到很多深入的東西。

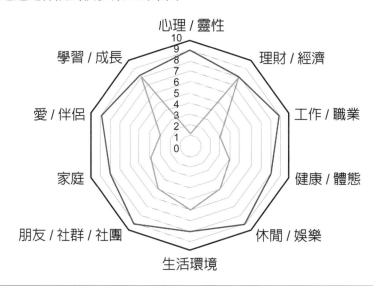

我是非常在乎工作生活平衡的人，只要發現生活品質受到工作影響，就會開始調整。也想把這個實用的工具，送給大家作為禮物。

這個工具很棒的地方在於，完整列出一個人生命中的各種面向。網路上有各種版本，圖中的分類方式是我自己實務上使用的整理。

使用上，可以先針對十個領域的現況評分，每個人領域滿分十分，再來填寫長遠理想分數，最後設定近期目標分數。

如果覺得同時有長遠理想和近期目標都要評估比較複雜，也可以跳過長遠評估，以近期想要提升改善的目標為主。

	Ideal 長遠理想	Goal 近期目標	Current 現況評估
心理／靈性			
理財／經濟			
工作／職業			
健康／體態			
休閒娛樂			
生活環境			
朋友／社群／社團			
家庭			
愛／伴侶			
學習／成長			

｜主人思維｜

1. 心理／靈性：心靈是否寧靜富足？或是信仰與靈修層面。

2. 理財／經濟：理財狀況、各類收入、養家和房貸等面向。

3. 工作／職業：職業發展、工作夥伴、是否快樂有成就感？

4. 健康／體態：身體健康、過輕過重、想要健身雕塑曲線？

5. 休閒娛樂：吃喝玩樂、旅行出遊、放鬆獨處等等。

6. 生活環境：工作環境和家庭環境是否安全舒適或美觀。

7. 朋友／社群／社團：各種人際關係的建立和維護，質與量的評估。

8. 家庭：父母小孩的相處、家族親戚的應對、生活互動方式。

9. 愛／伴侶：和另外一半的關係經營特別獨立出來討論。

10.學習／成長：工作上、生活上，閱讀旅遊、增廣見聞等等。

針對這十個項目填寫好現況和目標之後，轉換到圖表上標註分數點並連線，接著思考下面列出的問題。

如果能夠有人和你一起進行活動、彼此分享，會有更好的效果。

一、**Overview**

請先看一下你的整體分數分布高低：為什麼這樣畫？

整體分數高還是低？哪些特別高、哪些特別低？

哪些落差大、哪些落差小？

二、滿意

你比較滿意哪一兩個方面？

你做了哪些努力、懷抱什麼樣的心情做這些事情？收穫哪些東西？

這部分的滿意對你的意義是什麼？對其他生活層面有什麼影響？（特定領域的滿意與否，也會連帶影響到生活中的其他層面。）

有沒有實例？多分享一點。

三、改進

你想要改進哪一兩個方面？

至少不是零分，那麼是哪些部分組成了現有分數？

想像一下，如果你達成理想之後的改變，會是怎麼樣的生活？

你會有怎麼樣個感受？誰會容易發現你的變化？

針對想要改進的部分，有沒有一兩個理想楷模？和他的落差在哪裡？具體的痛苦是什麼？

難以改變的困難和阻礙有哪些？實際層面還是抽象的情緒層面？

如果想增加一分可以做些什麼？我們有哪些資源（人事物）？

以自己為例，跟大家分享我現階段的生命平衡輪。

長遠理想很容易大家都想滿分，所以我直接刪除。

個人給分比較嚴謹，八分已經是還不錯的分數了，保留一點空間提升。六分則是我心中的及格標準。還算滿意、近期沒有特別想要提升的部分，就不另外設定目標。有列出目標的領域，是會想要稍微提升的地方。

	Goal 近期目標	Current 現況評估
心理／靈性		8
理財／經濟	8	7
工作／職業		8
健康／體態	7	6
休閒娛樂	7	5
生活環境	(8)	5
朋友／社群／社團	8	7
家庭	8	7
愛／伴侶	8	7
學習／成長		8

整體來說我其實還算滿意自己的生活。

比較滿意的部分，包含心理靈性、工作職業、學習成長。

持續透過心理學的知識自我修練，也有信仰的支持，加上各種職場上的風刀霜劍磨練，現在已經很難有事情會影響我的心境。

從以前到現在的改變，使我獲益良多。強大堅強的心理素質成為很重要的基石，支撐我順利實踐想要努力的事情。

工作職業部分，我做的是喜歡的工作、和喜歡的夥伴合作，專業實力不斷成長、收入也持續增加，各方面來說都很感謝。工作上的成就帶給我自信和底氣，越來越勇於創造和影響。

想改進的部分，主要是生活環境和休閒娛樂。但生活環境主要是想有個好一點的房子，長期抗戰的目標先不討論。

休閒娛樂只給五分，是因為工作量比較大、想要多點休息、正在調整當中。過去時常不小心過度工作，但現在已經越來越熟悉這樣的調整，也有夥伴可以協助，實在可喜可賀。

透過這十個領域的評估，就像健康檢查一樣，全面診斷你的生活面貌。

│ 主人思維 │

結語

　　我總是說：工作應該要為了生活服務，不要讓工作綁架你的生活，不要把工作視為自我實現的唯一手段，你的名字比職稱還重要。不要讓職業和收入決定你的價值，每個人的存在都值得喜悅。

　　有些人孜孜矻矻汲汲營營，完全沒有發現自己，只是不斷透過物質填滿內心的空虛、透過忙碌逃避不敢面對的問題，不知不覺對工作上癮、變成工作的奴隸。

　　勤勞很好、追求成就很好，但這一切應該是要在你意識清醒的情況下完成。不要被特定社會和媒體的聲音洗腦，所有主張都是被塑造出來的。

　　你是不是真的快樂，你最知道。

　　你勉強自己越多，就會想補償越多。

　　為了工作無時無刻戴著假面具、被爛客戶糟蹋、被豬隊友搞瘋，你強迫壓抑和扭曲犧牲的一切，最後都會以某種形式回來找你。

　　也許是報復性熬夜：你覺得你的生命只有這點短暫的時間才是完全屬於自己、隔天醒來又要面對地獄，怎麼可以那麼早就上

床睡覺？好捨不得……。

也許是暴飲暴食和瘋狂購物：工作的辛苦一定要用這些補償才能讓自己好過一點，我那麼努力工作的意義是什麼？不就是為了這些嗎？要不然還有什麼？

因為不是你真正想要的東西，所以即使得到再多也沒有辦法填滿心裡的洞。

有錢很棒，但你的幸福和快樂比這些都要昂貴無價。

總是要記得：我們能夠主張自己想要的生活、我們有能力打造自己的職涯。

如果不釐清並堅守你的期待和需求，就會被困在別人的眼光和安排中，活成讓自己不斷後悔的樣子。

被動反應就只是僕人，開始自發行動才是主人。

當我們開始相信人生可以改變、開始為自己的現況負責、開始跟外界溝通表達自己的理想——也就是成為自己職涯和生命的主人，你度過的每一天都會讓你非常期待、懷抱希望。

「我今天要做些什麼有趣的事情呢？」如此充滿動力地打造你想看見的人生。

附錄

01

面試精華攻略

遠距面試提醒、事先掌握公司、面試當下的重點

關於最難掌控的面試環節，怎麼準備才能面面俱到？該怎麼對症下藥、打中面試官的內心？我會分三個部分和大家分享。

遠距面試提醒

疫情影響，非常多的面試轉成線上，想必大家已經逐漸熟悉和適應載體的改變，透過線上開會和講課數百小時的經驗，來談談需要注意的部分。

硬體準備：

1. 網路速度：速度超級重要，如果談到重點的時候延遲或 LAG，不順暢的溝通也會導致印象變差。可以使用 https://fast.com/ 這個網址了解自己的網路速度，10M 左右還可以接受、但

要視訊有點勉強，建議 20M 以上比較順暢且保險。請記得升級自己的網路配備和方案。

2. 鏡頭：影響視覺美感和解析度。專業鏡頭可以瘦臉甚至美顏，顏值絕對是影響錄取的潛規則，花個幾百塊錢就可以有好一點的鏡頭使用。

3. 事前測試麥克風和耳機。

4. 當下使用筆電和桌機為主，手機拿來當作備援。

環境準備：

1. 清場：盡量在室內不要在戶外。雜亂的擺設和突然的噪音，可能會干擾視訊交流。記得提前和家人室友溝通，也要把家裡的狗狗貓貓或小孩安頓好。來不及整理房間可以套用背景，IKEA 有提供免費好看的會議背景下載。

2. 光線：超級影響視覺感受，記得要從前方打光氣色才會好，可以花幾百塊錢買個補光燈、效益很高。

3. 飲食：這個比較少人提到。面試之前不要吃喝太多，不停打嗝或跑廁所會讓你有點尷尬。

面試前準備：

1. 提前 30 分鐘開始準備和測試：只留十分鐘有點危險。如果臨時發現要整理房間、調整光線、調整衣著、開始清場，都有可能來不及。尤其曾經遇到臨時軟體更新，讓已經要開始演講的我超級緊張。

2. 對鏡頭說話練習：如果你的鏡頭不在視線平行的地方，對方就很容易以為你沒專注。要看鏡頭而不是螢幕中對方的臉，才會正確對焦。如果看鏡頭你會覺得很怪，就把它擺在靠近視線自然中心的位置。

3. 共享螢幕功能演練：一定會用到，請事先練習。

4. 下載指定視訊軟體、事先登入檢查更新、調整個人顯示名稱：都是很小的細節，但每個環節出錯都很慘烈。（你應該不太希望出現「ㄡㄗㄟ㊣煞氣」這種稱呼對吧！）

5. 關閉及時通知：任何突然出現的神祕訊息都會讓你想要撞牆。

6. 確保電力、及時充電。

事先掌握公司的三大面向：
面試流程、商業模式和管理文化

面試流程：從通過錄取到雙向面試

我們的教育很擅長考試，把面試當作考試，事先調查會出哪些題目、是不是有前人外流的題庫、大概有幾輪、每個角色的側重點是什麼，這些確實是可以準備的，而且對於錄取非常加分。

但除了「通過面試」以外，也想談談「雙向面試」的概念：面試是一個初步接觸和溝通的機會，評估彼此適不適合一起走下去。

大家不妨在過程中感受看看：這間公司的招募用心程度？人資的專業和態度？面試官提問是否對於專業和人才有充分的尊重？整理流程和制度是否順暢？這會不會是你想要進去的公司？

以及，未來的直屬主管是怎樣的人？我們是不適合一起共事？

從招募談薪開始就不尊重人的公司，進去之後當然也不會好到哪裡去。不要把太多希望放在這樣的地方。追求錄取並不是我們的終點，好好共事一段時間才是我們的目標。

商業模式：

這間公司到底在做什麼？靠什麼賺錢？切入怎麼樣的市場？2B 還是 2C 的公司？核心競爭力是什麼？老闆和高層之前待過哪裡？了解公司的產業趨勢、分析競爭對手的優劣勢、搜尋近期的財報和公開資料，這些能幫助你挑到具有潛力的公司。要不然待了一段時間就倒閉，或是遲遲無法升遷加薪，還是必須換個地方重新經營。

管理文化：

這間公司、這個部門是天國還是地獄？我發現滿多人不曉得怎麼調查企業文化，通常會推薦大家：求職天眼通、PTT、面試趣、Mobile01 等網站，名聞遐邇的爛公司幾乎都榜上有名，劣跡繁多。但還是要評估一下，通常會留言的都是負面情緒和批評較多，稍微客觀中立的論述比較能相信。如果是太久以前的訊息，可能管理者或制度已經改變，參考度也有限。

如果覺得這樣還不夠精準、想更進一步了解真相，就要透過朋友人脈、朋友的朋友，或是在社群上搜尋曾經待過這間公司的員工，用這樣陌生開發的方式，看是否能請對方提供一些分享。曾經有人就是這樣詢問我接觸過的公司或人選。管理文化直接影響到我們每天的工作體驗，不可不慎。

面試當下的重點是說服，請切換到強信心表達模式

面試其實不是光靠內容取勝，也不一定是最強的人錄取。只要有面試官的存在，就會因為人的因素產生變化。

每個人都有自己的好惡，有時候真的不是我們不好，只是面試官更欣賞或喜歡其他人（通常人會喜歡和自己類似的人），或是暗黑一點——也許他是不想讓能對他產生威脅的人進公司。

通常來到面試關卡，就代表履歷上的呈現應該有 60 分及格，

企業認為人選的基礎能力應該沒太大問題、有機會合作，才會邀約面試。現場會考核進階實力或了解你的性格與公司文化是否契合。

老闆有自己喜歡的人、主管也會有自己喜歡的人。

面試當下的穿著打扮、身體語言、人際應對，都會影響對方的好感度。如果想對症下藥，也只能快速觀察然後投其所好。

如果只能提醒一個通用的核心關鍵，那我會希望大家記得：

面試的重點不是單純的自我介紹，每字每句都要把握說服的機會，展現優勢並創造雙方連結。

要傳達出來的精神是：

「我有深入了解你們公司，我的優勢正好是你的需求，因此我是適合你們公司的人選。」

很多人面對面試官的問題只是見招拆招、疲於應對，但應該要拿捏好適度的主導權，針對公司的需要，適時帶入一點內容、曝光自己的價值。

加強信心的表達模式，就是連你的音量語氣都是自信且肯定的。過度謙虛的態度，說不定反而讓對方懷疑你的實力。

02

萬年不敗經典 QA 的錦囊妙計

急用時拆開，快速解決燃眉之急

在三國演義當中，諸葛亮用了三個錦囊妙計，幫劉備娶回太太、佔領地盤。我也幫你集結常見三個 QA，每個問題內容篇幅、單獨來看難成篇章，當你有需要的時候拆開來使用即可，速速幫你解決燃眉之急。

Q 興趣廣泛的通才該怎麼辦？是不是沒有我的容身之處？

大部分的文章都鼓勵累積專業，導致很多興趣廣泛的朋友擔心自己沒有未來。

老實說我自己也是興趣比較廣泛的人，諮詢時也遇到很多這樣的朋友，我提供大家三個方向：**把多元進行到底、選擇多工或多變的角色、聰明聚焦**。

一、把多元進行到底

興趣廣泛的人就是很難只做同一件事，對很多方面都有興趣想要接觸。經營自己職涯的時候，可以把一些事情放到下班後當作興趣、當作兼職，或是選擇斜槓型態。

二、選擇多工或多變的角色

一人多工、同時跨各種領域、變化性高的角色反而很適合我們。比如 UIUX、專案管理 PM、新創或小公司、一人公司或創業等，這些角色都時常需要一人多工，特別適合通才發展。

接案類型的第三方公司，由於每次接觸的客戶問題、產業都有所不同，或是經常外派出差到不同國家和地區的職業，都會讓你感到振奮。

三、聰明聚焦

無論斜槓或選擇多工，在所有點亮的技能樹當中，還是要有特別厲害的專家級技能，才能穩穩站立在職場生存。

可以參考這個概念決策公式：

根據性格優勢、天賦能力、價值觀驅動力、市場需求、實現可能性等面向，選擇主力發展的路線。

$$高價值決策 = \frac{(個人心理價值 \times 相對競爭優勢 \times 市場經濟價值)}{所需投入成本} \times 實現可能性$$

Q 不適合是不是只能離職？微整形你的工作，嘗試把工作變成你喜歡的樣子，就不一定要走到離職

不是工作痛苦就只能離職，好多老闆和朋友都誤會這點。

工作是活的，是可以談出來的。只要雙方有共識想要調整，重新設計一部分的工作項目絕對可行。當然，前提是公司文化允許、或是老闆和主管有彈性。

之前輔導過一位副理，技術很好、認真負責又樂於付出，公司很快把他升遷到管理的位置，讓他帶領很多員工。（很多公司以為升遷只有管理職，這是滿大的誤解，也容易造成問題。）他不負眾望、能夠好好管理團隊，但他做得很不開心、想要離職。

諮詢的時候發現，原來他是助人者性格的人，很願意協助他人、但是討厭各種監督或談判的工作。這些並非他個性上喜歡做的事情，長久以往越來越痛苦。

查覺到這點之後，我詢問他是否有部屬特別喜歡監督或談判等工作，果然他身邊有這樣的夥伴。

「把不喜歡的事情丟給別人做會不會不太好？」

「不會呀，每個人喜歡的事情都不同，剛好這些事情他會喜歡。」

調整完這個部分之後，他大幅減輕了一半以上的痛苦。

小作業：工作微整形

嘗試運用内在三角形盤點你的興趣能力價值觀，比照現在的工作內容、哪些讓你感到特別痛苦？

是否有其他的夥伴可以協助、作為交換你可以多幫忙什麼？

哪些優勢還沒發揮？認識朋友、簡報設計……

能不能多運用在工作中創造價值？能不能結合你擅長的方式工作？

試試看先做出一些成果，再拿來跟你的主管討論。

Q 我目前的工作穩定、薪水也多，但就是沒有學習成長，該離職嗎？

不要貪戀高 CP 和金手銬的誘惑，這些其實是披著華麗外衣的詛咒。會把你養廢的工作、或佔據你所有時間心力的工作，都正在扼殺你的未來。

我自己就有遇過一些同事或來訪者，不小心遇到很無聊但薪水高的工作，一直無法成長突破、也擔心自己失去競爭力，最後還是決定離開公司。

大部分情況下，要能夠投資 20% 左右的時間，開拓下個階段的發展，為下個階段準備、探索和學習，拉出職涯的第二甚至第三曲線，會是比較有永續性的健康策略。

錦囊提供兩個判斷標準：未來性和職涯發展階段需求。

一、未來性

如果工作不會太累，公司比較自由可以在上班時間做點其他事情、或是還有心力用下班時間開啟新的支線劇情，這樣的話可以接受，因為還有未來性。

但如果已經累到下班只想睡覺、完全放棄努力，就要盡早規畫轉換。

｜主人思維｜

二、職涯發展階段需求

有目的性地從事這類工作也是可以的。

有些人想要存錢、有些人想以家庭為重、有些人是重返職場，或是有的人非常明確知道工作對他來說只是餬口的手段、有在經營其他收入，有特定需求、只要你想清楚就沒問題。

一般以時間點來說，職涯初期較不建議留在這類工作，但如果是中後期或追求穩定，也是一種不錯的選擇。

比較詳細的評估架構，可以參考我在前面章節提到的 EPSD 職涯發展階段理論（p.70），就不會落入大公司小公司這種表面選擇，而是可以根據自己的需求挑選適合的工作。

　　曾經的我懷抱理想投入職場，在接連被現實打臉後，進入低落的失意人生，不知該何去何從？韋丞的諮詢，範圍不僅有職涯，透過想法調整，令我重拾自信，又開始對人生充滿希望！工作經驗告訴我，努力不會被看見，勇敢發聲才會！說出來老闆才會知道你在想什麼，勇敢依照自我特質設計生涯，讓公司成為你人生助力資源吧。

從娛樂圈轉換到廣告媒體產業 P 小姐

　　韋丞老師很了解現下年輕人對職場、生活的想法，也因諮詢經驗豐富，可以提供很多產業與求職建議。給老師諮詢就像翻一本大百科，會聽到很多新穎的觀點，可以看出在諮詢領域下的鑽研苦工，不管你是被諮詢過、還是只是路過的朋友，誠心推薦本書，讓它成為你在 2022 對自己的第一個自我投資吧！

從獵頭轉換到電子科技業人資 H 小姐

　　　　　　　　　　　　　　　　　　　　| 主人思維 |

2021 年 5 月，全台無預警進入長達三個月的三級警戒，打亂了所有人的步調，卻也意外促成了我認識韋丞的契機。當時職涯正進入第九個年頭，工作貌似穩定也還有發展空間，但一路以來心裡都知道，對於自己的職涯組合還有很多想法沒有釐清；「難道就只能這樣了嗎？」的聲音，總還是不時會出現在腦海裡。三級警戒期間，即使多了不少與自己對話的機會與時間，但往往都還是不了了之，腦袋還是亂亂的；而也是這個時候，突然想起了之前在 Clubhouse 上聽過的一位職涯諮詢師的分享，決定何不讓自己嘗試看看專業的諮詢呢？現在想想，這真是我近年來做過最正確的一次決定。

　　跟韋丞的談話過程很自在、充滿溫度，卻也切中要點。我們其實只有談了兩次正式的諮詢，但也光光這兩次的諮詢，韋丞就已經跟我一起打開了心中的很多結、找出了那些其實原本就存在於我心中的動能，並透過務實的建議，給了我能夠在職涯上往外邁出一大步的勇氣；更重要的是……，我也因此交到了一個很棒的朋友！從韋丞身上我學到另一件事：職涯跟生涯規劃是密不可分的。

　　知道韋丞要出書的當下，除了真心替韋丞開心以外，我更替廣大的職場工作者們開心！如何用更大的格局看待自己的職涯組合、掌握主動權，進而創造自己想要的生活，我相信現在翻開這本書的你，不管你是準備踏入職場／剛踏入職場，或是像我一樣已經有一定的工作經驗，一定都可以在《主人思維》裡找到屬於你的答案，祝福你！

外商人力資源顧問 L 先生

韋丞在諮詢時，始終相信「人都有獨特的價值」，耐心地聆聽、引導。如同他常說「主人接受命運、僕人接受安排」，只要覺察、接納並理解現實，任誰都能創造自己的一片天。在這個因競爭而焦慮的世代，《主人思維》是一本有獨到見地的書。

從公部門轉換到手機銷售業務 Z 先生

我認為在現今變化快速的世代，只要能夠提早找到才能與熱情所在，就能夠獲得更多機會，很高興透過韋丞的介紹，進而了解職涯諮詢服務所帶來的正面影響，幫助我在人生道路中點亮一盞明燈。

軟體資訊產業 專案管理 C 小姐

在諮詢的過程中，韋丞顧問不僅透過職業生涯牌卡，進行合適工作的篩選與分析；也在尋找自我優勢、調適情緒及建立自信上給予很大的幫助！職涯諮詢能讓自己更加了解自己，也才有機會做出更好的職涯規劃與選擇！透過自我探索、過去經驗檢視、職涯規劃金三角評估、職業生涯牌卡等方法，釐清自己的個性、價值觀等重要的內在因子，再針對未來的興趣與發展方向來做評估與推薦。職業生涯服務不僅能讓你更了解自己，也讓職涯道路走得更順利！

數位行銷 自由工作者 V 小姐

行動是治癒恐懼的良藥，很幸運職涯路上有韋丞，透過職涯心理學的行動，讓我更清楚自身優勢，韋丞也會給予策略性的建議，包含職缺是否切合自身需求並進行模擬面試，非常幸運取得了理想的 offer，工作雖忙碌但很有意義，謝謝韋丞讓我找到工作的愉悅感。

新創輔導顧問 L 小姐

　　韋丞以自己職涯規劃師的專業，透過循序漸進的職涯輔導，讓諮詢者一步步認識自己的並了解自己的人格特質，找到自己的優勢、劣勢並加以發揮自己的優勢，透過職涯諮詢讓我發現自己其實有很多領域可以發揮，並不是像原本想的這麼侷限。

公務人員 Z 小姐

我的主人思維筆記

主人思維：自我覺醒世代必讀，用職涯心理學打
造以你為中心的未來藍圖 = Master thinking/ 陳
韋丞著 . -- 一版 . -- 臺北市：時報文化出版企業股
份有限公司 , 2022.04
ISBN 978-626-335-216-2(平裝)
1.CST: 職場成功法 2.CST: 自我實現
494.35   111003933

ISBN 978-626-335-216-2
Printed in Taiwan

VW00040

主人思維：
自我覺醒世代必讀，用職涯心理學打造以你為中心的未來藍圖

作　　者—陳韋丞
主　　編—林潔欣
企劃主任—王綾翊
封面設計—比比司設計工作室
內文設計—徐思文
第五編輯部總監—梁芳春
董 事 長—趙政岷
出 版 者—時報文化出版企業股份有限公司
　　　　　108019 台臺北市和平西路三段二四○號三樓
　　　　　發行專線—（○二）二三○六—六八四二
　　　　　讀者服務專線—○八○○—二三一—七○五、
　　　　　（○二）二三○四—七一○三
　　　　　讀者服務傳真—（○二）二三○四—六八五八
　　　　　郵撥—19344724 時報文化出版公司
　　　　　信箱—10899 臺北華江橋郵局第 99 信箱
時報悅讀網—http://www.readingtimes.com.tw
法律顧問—理律法律事務所　陳長文律師、李念祖律師
印　　刷—勁達印刷股份有限公司
一版一刷—二○二三年四月二十一日
定　　價—新台幣三百五十元